中国美术院校新设计系列教材

数码摄影基础

聂劲权 著

上海人民美术出版社

当数码摄影的大潮不期而至的时候，我们究竟有多少心理准备？当我们以习以为常的方式按下数码相机快门的时候，又能享受数码技术给我们带来的怎样的乐趣？或者说，从入门到进阶，从爱好到发烧，哪一条路才是真正适合我们自己的？任何艺术的创造都没有捷径可言，但是都存在着最佳的选择和最好的可能。因此，作为在高校从事了数十年摄影教育的工作者，我郑重地向大家推荐这本《摄影基础》，相信不会让大家失望。

作为"中国美术院校新设计系列教材"中的一本，作者在其中注入了多少心血，明眼人一看便知。尤其是在如今数码技术书籍铺天盖地的市场，要写出一本实用而独具个性的教材，的确不太容易。但是作者根据多年的实践和教学经验，从当代摄影的大空间入手，详细剖析了数码摄影的方方面面，给我们提供了具体可行的解决方案，从而让这本冠名以"基础"的教材，有了更为鲜明的特点。

首先，作者让我们认识摄影，从一定的高度把握"摄影究竟是什么"这样一个看似简单却不太容易回答的问题——摄影是科学与艺术的结合，是一种说话的工具，是一门观察的艺术，是一门"看"的学问，又是一种选择的艺术以及一种记忆的载体……懂得这些，当你在按下快门的这一瞬间，你的起点就一定比别人高出许多，从而真正体验到摄影给生活带来的无限乐趣，进而提高视觉的敏锐感觉和艺术表达的思维意识。

随后的篇章进入基础篇，以非常个性化的语言讲述了数码摄影最为关键的难点，为一张好照片的完成奠定了坚实的基础，也便于在实践中有针对性地查阅。而在摄影表现篇中，作者为一张好照片的成功，提供了许多的解决方案，从构图、影调等等到后期调整，有选择地介绍登堂入室的路径。其中最让人感兴趣的就是关于一张好照片的评价标准，作者不惜笔墨从不同的角度和不同的层面展开自己的论述，让我们对照片的审美有了一个清晰的定位和认识——这是一般的摄影教材中

所难见到的。在最后的实战篇中，作者跳出一般的教材范例，从实际使用的角度考虑，一方面鼓励大家打破迷信，用小数码相机也能拍摄出好照片；另一方面则将世界优秀摄影家的作品作为示例，让初学者也能一览世界摄影的千峰万壑，从而提高眼界，为今后的发展奠定更为扎实的基础。

尽管作者很谦虚地说：本书没有神秘而高深莫测的所谓技术与艺术表现用语，只是用了朴实而直接的讲叙方式帮助读者认识、理解并掌握摄影这门艺术。但是从整体经营布局到实际指导效果来看，本书确实达到了化腐朽为神奇的可能。所以，不管是数码摄影的初学者还是发烧友，这都是一本不可多得的好教材。你可以从第一章开始，循序渐进学习和掌握数码摄影方方面面的知识，也可以放在枕边，凭借兴趣随手翻阅，或者在遇到实战问题时有针对性地查阅，让它成为你的良师益友。的确，诚如作者所说：有很多世界级摄影大师和很多我们身边的优秀摄影师，他们并没有接受过任何正规的艺术教育。他们只是自己培养观察力和理解力，从而获得了艺术与视觉的辨识能力而在摄影的领域里有所建树。因此只要作一些视觉感觉的训练和懂得一些简单的摄影技巧，任何人都是能拍出好照片来的，不仅未必比专业摄影师的作品逊色，而且也都有成为优秀摄影师的可能。

这本书就是为你提供了这样一种可能。

林路

2009年酷暑于上海师大

目录

01
第一章 认识摄影

《花之灵/性》系列之一 王小慧
摄于1999–2004年

帕米尔的阳光
聂劲权　摄

跨入摄影这道门槛之前先要了解的几个问题

捧起这本书，不管您出于一个什么样的目的和想法，我们都将从这里开始认识摄影。然而，摄影这一事物对我们来说应该是太熟悉了，一般来说，只要是生活在当代社会中的人，都有过拍摄或被摄的经历。

然而，摄影究竟是什么？您对摄影了解多少？知道照片是怎么拍出来的吗？摄影是艺术吗？什么样的照片才算得上是摄影艺术作品？什么样的照片才是一张合格的照片……这一系列问题又给看似简单的"摄影"二字蒙上了一层神秘的面纱。

一　摄影到底是什么

摄影的原词（photography）源自于希腊语，"photo"意为"光"、"光电"，"graphy"为"描绘"之意。可见，摄影原意应为"用光线来描绘"，这一解释与我国从字面上来理解"摄取影像"有一定出入。由此我们也不难理解，1839年法国人达盖尔发明摄影术并为其命名时，其初衷应该是将其定性为艺术的。也正因为如此，达盖尔等这批世界上最早使用照相机的摄影师们，为了摄影的艺术地位而做出了很多艰苦的探索与努力，也因此而产生了高艺术摄影和画意

教堂　聂劲权　摄

摄影等历史上最早的摄影流派。从这一层面来说，我们可以这样理解：摄影是一种借助于光的作用而对客观实在所进行的视觉表达。摄影作为一门艺术而言，在不同的摄影师心中也有不同的定位。

艾梅特·戈温：摄影乃是一种处理人人皆知，但却无人关注的事物的工具。我的照片旨在表现你视而不见的东西。

卡蒂尔·布列松：摄影就是在若干分之一秒内理解事件的意义，并同时找出能够恰当表现这一事件的准确的结构形式。

罗曼·维希尼克：摄影为人间目击者，是一种报告性、记录性的工作。它要传达人性的课题，了解和关心是照片所要表现的重点。

罗伯·罗逊柏格：摄影就像切割钻石，要是有所闪失就是闪失了。

卡麦林：摄影是一个令人神往的事业，它是放进小机械中的一小片感光药膜，但实际上这和摄影没有多大关系，这不过是一种科学设施而已，真正的玩意在我脑子里，我的心灵才是我的相机。我的摄影能力并非来自透过它观察的那片玻璃，我的心灵，我的思想，才是我的摄影。

科学与艺术的结合

众所周知，摄影因科学的进步使照相技术发明而产生，在其一百多年的发展历史中，摄影的很多次重大突变都是和科学的发展紧密相连的。高速电子闪光技术和高速摄影的出现，使我们通过照相机看到了子弹出膛的那一瞬间，看到了一滴牛奶滴落时的模样；因为显微镜的发明，我们可以用摄影的形式表现我们用肉眼看不到的微观世界；彩色照相术的发明，使摄影又有了新的艺术表现空间；21世纪科技发展进入数字时代，摄影同样跟随科学的发展走入了它的数码影像时代。

奶滴皇冠　艾杰顿·合罗德　摄

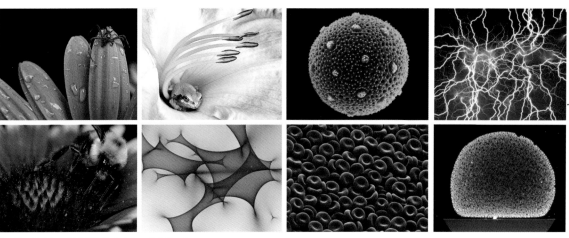

使用微距镜头与显微镜拍摄的花卉和细胞等微观物

其次，摄影艺术创作是借助于光学、电子和数字科技的成果再加上艺术创作的构想才得以实现的，深入到创作的每一个环节，也无不体现着科学与艺术关系的密不可分。摄影的用光既是技术又是艺术；摄影的曝光既是技术又是艺术；照片的后期处理与制作也既是技术又是艺术。

一种说话的工具

著名美国摄影大师列维·海因曾说："倘若我能用言语来讲故事，我就不必捱上照相机了。"这其实就是说摄影是一种语言，一种说话的工具，一种表达思想与情感的载体。摄影的艺术语言不分国界、不分肤色、不分地域，是全世界通用的语言。我们通常可经由摄影画面看出摄影师的拍摄意图，可从它拍摄的主题及画面的形式变化，去感受摄影师透过镜头所要表达的主题思想，即所谓"用镜头来说话"。摄影的艺术语言当然不同于文字语言的表达方式，但目的是一样的，都是为了传达某种信息和理念。其实我们每拍一张照片就相当于说了一句话，比如说你拍了一张美女照，也就是你告诉我们一件事情——这个女孩很漂亮、很时尚。当然，你也可以运用摄影的艺术语言，告诉我们，这个女孩是不漂亮的或者是很凶的等等。

文字语言主要依靠单个的字（即语素）、词和短语组合成句而传达信息，另外，文字语言还依赖系列的修辞方法来传达意义，如：比喻、比拟、借代、象征、夸张、对偶、排比、设问、反问等等。这些在摄影的艺术表现领域同样可以通过有效运用光圈、快门、焦距、构图以及各种画面的视觉造型元素来加以实现，比如美国著名摄影大师安德烈·柯特兹的作品《郁金香》中那种象征意义的表达。

一门观察的艺术，一门"看"的学问

对观察入微的人说来，摄影就是生命的留痕。

——史特·兰特

摄影从来就是以拍摄对象来完成创作的，而拍摄对象首先必须透过照相机取景框对被摄体进行观察，所以说摄影是一门"观察"的艺术。从某种意义上来说，摄影成就的高低，与观察事物是否细致入微是息息相关的。著名摄影师史特·兰特于是说："对观察入微的人说来，摄影就是生命的留痕。"细心观察日常的事物，是学习摄影的一种很有效的方法。通过不断地练习，便可养成细心观察事物与思考问题的好习惯。我们往往因看到了某些事物才产生了思考事物的动因，因思考而产生一种拍摄的欲望，摄影从一定意义上来说也是一种观察与思考的表现。而摄影的表现对象无非也就是我们身边的事物，因此，学习摄影首先应该从观察与思考我们身边的事物开始。上世纪30年代，专门拍摄美国穷人生活的陶乐茜蓝芝曾经说过："不要因为是家中常见的东西，就不去拍摄，你可以从简单中看出复杂，从微小中看出巨大，从平庸中看出重要。"

自从有了照相技术，人们的视觉范围得到了空前的拓展，人们观看和思考事物的方法也得到了空前的进步。这种变化在摄影术发明之前是无法想象的。透过摄影，我们发现身边的普通事物竟然是如此地具有美感。细

郁金香　安德烈·柯特兹　摄

雅丹地貌　邹本东　摄

一种选择的艺术

摄影最重要的技巧就是如何从复杂的现实对象中选取部分，就是拍摄照片时要摄入哪些部分、舍弃哪些部分。这种取舍就像绘画写生时的构图，是摄影创作成败的关键。这一方面取决于摄影者的创作构思，另一方面取决于摄影者的艺术修养。这正如摄影大师卡蒂尔·布列松所说："在摄影中，一种视觉结构的形成，只能依靠修养有素的本能。"

摄影者决定了拍摄的对象和原因，同时又认清了景物各部分之后，接着要决定的便是安排景物各部分在整个影像中所占的比重。

照片中要包括哪些景物和舍弃哪些景物，往往是同等重要的问题。因此，选择是最关键的问题。在决定取舍时，取景框是最重要的辅助工具。我们通过取景框来观察对象时，可以把干扰我们视觉思维的无关信息排除在画框之外，使我们的思维能集中于与对象的交流。我们通常总认为身边的事物无意义，这正是各种复杂信息扰乱我们视觉思维的结果。因此，取景的过程其实也是一个把心灵的影像从纷乱复杂的现实中抽离出来的过程。我们有时要狠下心来，只将你认

致入微的特写镜头及极具视觉冲击力的广角拍摄给人们带来的形式美感与艺术思考也是前所未有的。同时，人们也通过摄影看到了用肉眼所未曾看到的世界，如：我们通过红外摄影，可以看到黑暗中的世界；通过微距摄影，我们看到了极其微观的世界；通过天文摄影，我们看到了宇宙的广袤与神秘……通过摄影，使我们的观看方式变得更加丰富多彩，使我们观看世界的方式变得更加自由和科学。

此图是侯贺良先生于1999年8月开始，历时两年拍摄完成的"空中看山东"大型专题之一《青岛海滨全景》。这张图片充分地展示了青岛海滨的美丽风光。然而，面对这样一个大全景，我们依然可以根据不同的创作思想、不同的主体选择、不同的视野、不同的拍摄意图以及不同的器材要求等等，把画面分割成许多单独的完整画面，这些框框里的景物，有些可用相对较近的距离拍摄，有些可用较长的镜头拍摄。

为最重要的部分摄入镜头。

从取舍这个层面来说，摄影是一门"减法"的艺术。就是要舍弃画面中那些不重要的视觉元素，从而更好地突出主体、强化主题。我们所面对的拍摄主题，其视觉形式必然存在于一个复杂的环境中，这个时候就需要我们通过取景框在现场作减法，减掉与主题无关的，仅仅留下表现主题的必要视觉元素，使画面更加简洁明了。

一种记忆的载体

著名美国摄影师南·戈尔丁说道："通过摄影，你将不再遗失任何过往。"

在现代生活中，我们借助摄影来填满我们记忆的谷仓。摄影记录了我们人生旅程中每一个有意义的时刻——出生、生日、毕业典礼、婚礼，乃至葬礼。它记录下我们的爱，每一次相遇和旅程——所有的悲欢离合。相机无处不在，照片就像我们人生记忆的一条平行线。回忆一个人或是某件事就是从记忆中搜寻他的影像，一张照片往往能给我们带来很多美好的回忆。没有照片勾起我们的记忆，也许随着时间的流逝，我们的陈年往事很可能将在我们或者后人的脑海里格式化了。每当我们打开一本影集，就像打开一道记忆的闸门，引发我们对往事的无限追寻。一个庞大的照片库就是我们的记忆博物馆。【1】

二 做一个有思想的摄影者

著名摄影师卡麦林说："我的心灵，我的思想，才是我的摄影。"美国摄影家菲力海尔斯曼也说道："摄影应该先想后拍，头脑才是最主要的工具。"

这些照片来自著名画家张望先生的私人相册，照片真实记录了他从童年到现在的成长历程。

著名作家周国平说："摄影家的本领在善于用镜头看，看见常人看不见的东西。每一个都睁着眼睛，但不等于每个人都在看世界。一个人真正用自己的眼睛看，就会看见那些不用模式概括的东西，看见一个与众不同的世界。看的本领就是发现一些细节的本领，王小慧是善于发现细节的，看了她的摄影我才知道原来花朵里藏着如此丰富的细节。我们也看花却不知道这些细节的存在，现在突然发现我们对于花朵是多么陌生！它们讲述着我们从未曾听说过的故事，我们看到了既陌生又好像认得的世界。"

王小慧不仅是一个用心灵拍照片人，也是用镜头去思考的人。她的花卉作品使用了近距离大特写镜头的形式表现，把花卉从背景中抽离出来，使观众被作品的巨大视觉冲击力所震动，使我们不得不重新审视它们。艺术家赋予花卉的新的意义便从中而来，带着一种不可抗拒的魅力，融进了我们的感知，震撼着我们的心灵。评论家张平杰这样评价说："王小慧为花卉一类作品划出了一个新的途径。她的'花'不是回归'美'的自然属性，它不是作为一种自然观赏物而存在，在王小慧独特的结构样式中，它蕴含了全部人的属性：人的生命的斑斓、落寞与原始的冲动。她把某种不能言传的状态通过'花'传导给我们。"【2】

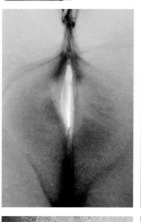
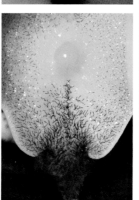

三 人眼与照相机有何区别

照相技术，从很大程度上来说可以认为是人眼的"仿生"技术，因为人眼和照相机一样，都有镜头系统、测光调节系统、感光材料系统和其他相应的附件。其中角膜和晶状体相当于镜头，瞳孔相当于光圈，受大脑支配的测光系统、眼部调节肌相当于照相机的测光系统、自动光圈系统和对焦系统，脉络膜相当于暗箱，视网膜相当于传统的胶片或现代数码相机的CCD和CMOS。

《花之灵/性》系列
王小慧
摄于1999~2004年

人眼与照相机虽然在系统结构上大致相仿，但在使用等层面还是有很多不同之处的。

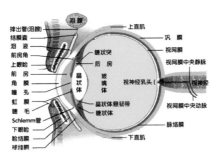

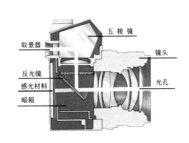

首先，感受光线的亮度范围不同，也即我们经常所说的曝光宽容度不同。宽容度是指感光材料按比例正确记录景物亮度范围的能力。被摄景物表面由最亮至最暗部分的差别，可以用明暗间的比例数字来表示。假设：景物最亮部分比最暗部分要明亮20倍，那么明暗之间差别的比例数字就是1∶20。人眼感受光线的亮度范围要远远大于照相感光材料的。比如在一个晴朗的日子里，尽管室外景物与室内反射光亮度差别非常大，我们用眼睛还是可以在室内同时清晰地看到室内和窗外的景物。这种效果，照相机是绝对达不到的。照相机只能要么侧重于准确曝光室内景物而使窗外景物曝光过度并失去细节，要么侧重于准确曝光窗外景物而使室内陈设曝光不足并失去细节。因此，在摄影实践中，我们必须遵循摄影感光材料的基本特性，而不能完全凭借自己的视觉经验作为唯一的参照。

其次，视角不同。照相机可以随意更换不同焦距的镜头，并依赖不同焦距的镜头使视角变得更小或更大。而人眼的视角只是相当于一只定焦镜头而已。

再次，照相机可以看到人眼看不到的一些事物，如高速运动的物体、微观的世界、宏观的宇宙天体、透视影像、红外线影像等等。

另外，人眼视网膜上分布了大约1.2亿多个光感受器细胞（锥体细胞与杆体细胞），而目前最高级的数码照相机的像素也才只有两千多万个，这也造成了人眼与照相机在分辨率上的巨大差别。人眼在光线昏暗时观看事物时，不像照相机受到感光度的制约对影像质量带来的巨大影响这么严重。

总之，人眼与照相机的细微差别还有很多，但以上差别相对比较显著，也是能对人眼观看效果和相机成像产生较大影响的方面。

由于室内与室外存在巨大的反差，当照相机需要对室内景物进行准确曝光时，室外景物则在该曝光条件下曝光严重过度而完全失去细节；相反，当需要对室外景物进行准确曝光时，室内则将曝光严重不足而完全失去细节。也就是说照相机只能看到一定反差条件下的全部景物，而眼睛所见则远远大于照相机所记录光线的亮度范围，可以同时清晰地看到室内和室外的景物。

02

第二章 基础篇

霜叶 张百成 摄

进入摄影之门必须了解的技术基础

随着数码影像时代的到来，数码相机的大量普及，使摄影艺术的象牙塔模式永远地成为了历史。与传统胶片摄影技术相比，数码相机大大简化了影像再现的加工过程，照片的形成过程变得直观、方便而快捷。在传统胶片摄影时代，对于基础技术的认识与熟练掌握是至关重要的，这也是任何摄影大师都无法逾越的一道门槛。传统胶片高技术性操作的难度令每一位业余摄影者倍感神秘而望而生畏，因此也很难拍出理想的摄影作品。面对现代数码相机，直观的影像记录方式似乎使所有的业余摄影者都有了拍摄的自信心。然而，我们在这里要向初学摄影的朋友提几个简单的问题：您拍摄的画面与专业摄影师是否有差别？您拍摄的照片达到了您最初想象的画面效果了吗？您在拍摄时知道要怎样针对拍摄主题有目的地去调节您的照相机吗？针对这些问题您的回答如果是否定的，那问题又出在哪里了呢？

虽然数码相机在一定程度上可以直观、方便而快捷地拍摄，但它还是和传统胶片摄影的学习一样，必须从认识数码相机的基本原理开始，熟练掌握曝光控制等技术手段，才能真正地迈入学习摄影的第一道门。一张成功的摄影作品是建立在熟练的技术控制基础上的，如果您想把照片拍得更好，在学习的过程中还是需要按部就班、循序渐进、一步一个脚印。只有我们对照相机的技术基础越熟练，才越能把注意力集中在每一幅照片的构图、用光与创意表现上。

第一节 认识数码照相机

在战场上，如果我们对手中的枪不熟悉，那么打仗肯定是要吃亏的。如果我们对手中的枪使用非常熟练，那么我们可以把所有的心思都用在琢磨怎么去打击敌人上。学习摄影其实也一样，要拍好照片，首先得把我们手中的照相机玩得非常熟练。摄影是一种瞬间的艺术，这种瞬间表现的特点要求我们必须对手头所使用的照相机了如指掌，才能在拍摄的时候游刃有余而不至于出现这样或那样的错误。

一 照相机的基本结构和类型

照相机的基本结构其实就是按照小孔成像原理而设计的一个暗盒，只不过设计得很科学罢了。其镜头相当于小孔，可以自由地调节其孔径的大小和控制影像的清晰范围；其机身相当于暗盒本身，比简单暗盒有着更为科学的结构和感光系统，并在此基础上增加了测光系统。与传统胶片照相机相比，其基本结构原理还是差不多的，但在结构设置上却相差很大。数码照相机的使用更方便、直观、快捷，但曝光控制原理与传统胶片相机没有实质性的差别。

数码单镜头反光式照相机

数码相机是以CCD或CMOS感光元件和数字图像储存系统取代了传统相机后背胶片系统的；其次，在数码相机后背多了一个适用于取景和回放观看图片的液晶显示屏，可随时观看拍摄照片的效果；再次，数码相机因拍摄功能菜单更加丰富多样而具备良好的操控性，如各种白平衡模式和彩色模式的设置、图像大小的设置等等。传统相机只能通过更换不同的胶卷来改变色温、彩色和片速等，而图像大小只能通过更换不同画幅的相机来实现；另外，数码相机也可使用大部分的普通

较大，还可以配备一些系统附件，如镜头转换器和辅助闪光灯等。与数码单反相比较，其影像传感器的面积较小，影像效果相对较差，拍摄影像时的处理速度相对较慢，但由于它可以对光圈、快门速度和色彩平衡进行完全的掌控与调整，又比单反轻巧、价格便宜，所以还是博得了广大摄影发烧友的喜爱。

传统胶片相机的结构图

35毫米相机的镜头，但有部分数码相机因感光元件成像面积小而应适当增加有效焦长。如20MM的镜头安装在非全画幅相机佳能20D上时，要乘以1.5的系数而变成了30MM镜头的效果。大多数数码单反相机成像大、功能强大、抓拍迅速，比较适合摄影的专业领域。

混合式数码相机

这种数码相机的外观与操控类似于数码单反，镜头为不可更换的内藏式变焦镜头，镜头的变焦范围一般的都在6-20倍不等。通常情况下，镜头的焦距范围变化

现代专业数码单镜头反光式照相机外观图

小型数码相机

小型数码相机类似于传统胶片相机中的傻瓜相机，这种相机比较轻便，使用和携带都比较方便，镜头基本为内藏式变焦镜头，其变焦范围一般都在4-10倍不等，因其小巧、使用方便而为大多数业余摄影者所喜爱。由于小型数码相机技术含量偏低、成像感光面积小，所以拍摄时的速度和成像素质都不如单反数码相机。但现在随着数码科技的不断进步，小型数码相机的品质也在不断地提高，有的在速度及成像方面已经完全可以

达到与数码单反相媲美的境地，所以也开始慢慢得到了很多专业摄影师的青睐。小型数码以其自身的特点为这些摄影师的创作带来新的生机。为此，我们在后面的章节里还将专门介绍专业摄影师是如何运用小型数码相机进行创作的一些案例。

小型数码相机有两种类型，一种是摄影者可以手动调控一部分拍摄功能而达到主观控制影像效果的，如光圈、快门速度、感光度以及色彩平衡等。由于其主观可控性和小巧、便携、随意的特点，很多专业摄影师也开始使用其作为专业创作之外的活动记录工具，有时也偶尔作为专业创作的辅助手段而存在。另一种是袖珍卡片式数码相机，这是一种真正意义上的"傻瓜相机"，一般除了可以适当调整曝光补偿和变焦外，其他没有太多可调的余地，非常适合于不懂得任何曝光原理的拍摄者。虽然如此，但袖珍式数码相机往往以其非常时尚的造型和简单的操作设置赢得了人们的喜爱。拍摄虽然简单随意，但使用它在某些特殊光线条件下拍摄时很难达到理想的影像效果。

有准专业之称的小型数码佳能G10

袖珍卡片式小型数码相机

简易数码相机

这是一种结构最为简单，并作为一个功能模式附着在其他数码产品中的"相机"。比如：数码摄像机中的静态图像拍摄功能、手机上的照片拍摄功能等。这种非单

独存在的数码相机有几个共同的特点：一是像素普遍较低，二是拍摄时一般时滞较长，三是成像素质相对较差，四是对于影像效果只有极小的可调性。由于这些致命的弱点，致使它没有得到人们的热情追捧。但由于其便利性和极其简单的操作性经常在关键时候发挥着重要作用，尤其用手机拍摄的照片可以立即由手机上传互联网，达到信息的迅速传播，这也是一般数码相机无法企及的。2005年7月7日伦敦地铁爆炸事件的报道，就是由手机拍摄的照片来完成的。尽管拍摄水平相当业余，但依托于强大的多媒体信息发送功能，几小时内，这些地铁站爆炸现场手机照片就出现在各国的电视新闻和互联网上，不仅发表于那两天英国各大报纸上的头版头条，而且在美国《时代》周刊评选出的2005年度全球最佳照片中，伦敦地铁爆炸的目击者手机照片也名列其中。

拍摄器材：魅族M8手机
产地：中国深圳
像素：
1536×2048=3145728像素
约310万像素

2005年7月7日伦敦地铁爆炸事件的目击者手机拍摄的系列照片

二 数码相机的工作原理

美国人赛尚Steven J.Sasson于1975年设计并制造了世界上第一台数码相机及回放系统，并使用它拍摄了世界上第一张只有一万像素的数码照片，该相机的技术资料及当时的技术报告原文摘录如下：

背景信息和技术数据	
开发机构	柯达应用电子研究中心
开发者	Steven J.Sasson（赛尚）
原型机名称	手持式电子照相机
影像传感器	Fairchild 201100型 CCD 阵列
磁带记录机	Memodyne 低功耗数码磁带记录机
存储设备	标准 300 英尺飞利浦数码磁带
数码内存	49,152位
电源	16节 AA型电池
外观尺寸及重量	209(宽)×225(高)×152(厚)mm，3900克

性能指标	
曝光时间	50 毫秒
记录一张影像	23 秒
记录密度	423 位/英寸
影像容量	每盒磁带存储 30 张照片
控制逻辑	CMOS 集成电路

1974年项目摘要原文：

"创造出一部无胶卷手持相机，通过电子方式拍摄黑白静像，并将它们记录到不太昂贵的音频级盒式磁带机上。磁带应能从相机内取下，并插入到播放设备，以便在电视上观看。"

技术操作：

相机通过拥有10,000像素（按 100 x 100 的阵列排列）的CCD拍摄影像。每个像素占 4个位——由0和1组成的四位数组合，表示照片中的每一个点。一旦拍摄完毕，影像便会经过数字化处理并存储到相机中的内存缓冲区。从这里，照片便可记录到更具永久性的存储器内，以便从相机上取下进行播放。盒式磁带机便是用于此用途。从曝光那一刻起，相机需花费大约 23 秒钟的时间将影像写入磁带机。

技术报告原文：

"此报告中所描述的相机是指首次试验成功的相机，此次试验旨在证明，随着技术的进步，摄影系统必将对未来的拍照方式造成实质性的影响。未来的相机可以想象成是一种能在光照条件极差的情况下拍摄出彩色照片的小型设备。那时的照片将存储在一种磁介质内，一种非易失性、稳定性极佳的存储器，可从相机内取下以进行播放。这种照片的分辨率将至少相当于现在的110胶卷。声音也可同影像一并录下，以增加照片的诠释性。电子形式的照片经稍作修改或不作修改便可通过现有的通信渠道发送出去。红外摄影和可视摄影可通过同一部相机实现，只需更换光学滤镜即可。照片将保存在胶卷、磁带或视频光盘上，并且相机存储介质将可重复使用。"

由以上Steven J.Sasson【3】先生数码相机的首次试验报告可以看出，数码成像是建立在电子技术和数字科学高度发展基础上的。当然，随着科技的不断进步，数码技术的发展也突飞猛进。当今的数码相机较之赛尚先生发明的第一台数码相机，已经发生了翻天覆地的变化。但其工作原理还是基本一致的。简单地理解，数码相机的工作原理是：首先通过镜头接收光线，然后由被称为CCD（电荷藕合器件）或CMOS（互补性金属氧化物半导体）的影像传感器将所接收的光线信号转换成电信号，最后再将电信号以数字的形式传输到数码相机所使用的CF卡、SD卡等内置存储卡中。至此，数码的成像过程也就告之结束了。

三 CCD与CMOS为何物

CCD是英文Charge Coupled Device（电荷藕合器件）的缩写，它使用一种具有感光特性的半导体材料制成，能把光线转变成电荷，再通过模数转换器芯片转换成数字信号，数字信号经过压缩以后由相机内部的CF卡、SD卡等内置存储卡进行保存。最后，我们把保存在存储卡中的图像数据输送到计算机中，并借助于计算机的软件处理手段，根据需要和想像来调整图像的效果而达到创作的目的。CCD由无数感光个体元件组成，通常以像素为单位。当CCD表面受到光线照射时，每个感光元件会将电荷反映在组件上，所有的感光元件所产生的信号交织在一起，就完成了整幅画面的成像。然而，当长时间曝光时电荷运动过于频繁而导致CCD温度上升，而CCD温度过高时又很容易产生噪点，这也就是在拍摄实践中由于长时间曝光造成影像噪点增加的主要原因。CCD是数码相机的极其重要的部件之一，因此其质量的好坏将直接影响到数码相机的性能。衡量其性能的指标有很多，如：像素数量、CCD尺寸、灵敏度、信噪比等，其中像素数与尺寸大小是评价CCD质量的重要指标。

像素数是指CCD上感光元件的数量。摄影的画面可以理解为由很多个小的点组成的图像，每个点就相当于一个像素。因此，像素数越多，画面就会越清晰。如果CCD没有足够像素的话，拍摄出来的画面的清晰度就

赛尚先生和他发明的数码相机

由赛尚先生发明的数码相机拍摄的世界上第一张数码照片

会大受影响。这当然还与照片所要放大的倍率有关系，像素数越少，放大的倍率越高，照片清晰度也会越低。因此，从这个意义上来说，照片最终所需要放大的尺寸与像素数大小的关系是十分密切的。一般情况下，对于大尺寸CCD的单反数码而言，600万像素的照片最多可放大至24英寸，800万像素的照片大概可放大到30英寸，1200万像素的照片可放大至一米见方。而对于小型数码相机而言，由于CCD尺寸小造成成像效果不佳，致使相同像素的照片放大倍率有所下降。

CCD尺寸是指CCD感光芯片的对角线长度，用英寸表示，如1/1.8英寸、1/4英寸等。一般来说CCD尺寸是越大越好，CCD尺寸越大其灵敏度就越高，在光线比较暗的时候拍摄的影像效果就越好。小数码相机在光线暗淡时往往成像效果不佳，CCD尺寸小是其最主要原因。但CCD尺寸越大，其制造成本就越高，而且相应的镜头尺寸也要求较大，不利于数码相机体积的减小。但随着

科技的不断进步，目前小尺寸CCD的灵敏度也在不断地提高。

CMOS是英文Complementary Metal-Oxide Semiconductor（互补性氧化金属半导体）的缩写，与CCD一样，都是一种可记录光线变化的半导体感光载体，其工作原理与CCD没有本质上的差别。CMOS主要是利用硅和锗这两种元素所做成的半导体，使其在CMOS上共存着带N（带−电）和P（带+电）级的半导体，这两个互补效应所产生的电流即可被处理芯片纪录和解读成影像。然而，和CCD一样，当电流变化过于频繁时会使CMOS温度上升而使影像产生噪点。

CCD和CMOS在制造上的主要区别是它们分别集成在不同的半导体材料上，工作原理没有本质的区别。而CCD制造工艺相对较复杂，因此价格相对比较贵。成像方面：在相同像素下CCD的成像通透性、明锐度都很好，色彩还原、曝光可达到基本准确。而CMOS的产品往往通透性与解像力相对逊色一点，对被摄体的色彩还原能力与曝光也都偏弱。由于自身物理特性的原因，CMOS的各项性能与CCD相比较虽然有一定距离，但由于其低廉的制造成本以及高度的整合性，而且功耗也要远远低于CCD，因此为其全面进入市场赢得了广泛的开发与应用基础。事实上经过数年的研究与技术改造，目前CMOS和CCD在性能指标与实际应用效果已基本接近，佳能5D MARK II与尼康D700等单反数码相机大尺寸CMOS的开发就是一个典型的例子。由此我们也可以得知，未来数码照相机的性能将越来越优越、价格将越来越便宜。

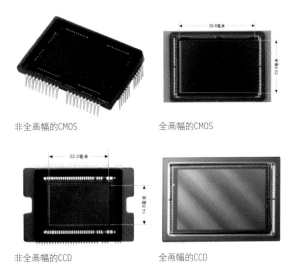

非全画幅的CMOS　　　　全画幅的CMOS

非全画幅的CCD　　　　全画幅的CCD

四　噪音与坏点

噪音也称为噪点，主要是指CCD（CMOS）接收光线信号并输出的过程中在照片上所产生的一些细小色点，这些在影像中不该出现的杂色点看起来就像图像被弄脏了一样。噪点的产生原因通常是长时间曝光致使CCD（CMOS）过热以及使用高感光度条件拍摄。当然最主要还是出现在拍摄夜景长时间曝光的情况下，由于CCD

使用佳能20D拍摄，JPEG格式，3504×2336像素=8185344像素

（CMOS）无法处理较慢的快门速度所带来的巨大工作量，致使一些特定的像素失去控制而造成。为了防止这种影像噪音的产生，有部分数码相机中还专门设计了被称为"降噪"的功能，如佳能5D MARK II等。

使用降噪功能，是照相机系统在保存影像之前利用数字处理方法来消除图像噪音，因此在保存完毕以前系统还需要花费一点额外的工作时间。 另外，可以尽量不使用长时间曝光和高感光度拍摄而避免噪音的出现；还有当拍摄环境的温度较低时，也可使CCD（CMOS）温度不会过高而降低噪音。

除了噪音外，还有一种现象与噪音是很容易相混淆的，这就是坏点。在数码相机同一设置条件下，如果所拍的图像中杂点总是出现在同一个位置，就说明这台数码相机存在坏点，一般厂家对坏点的数量是有规定的，如果超过了规定的数量，可以向经销商或厂家更换相机。由于坏点是单个感光文件损坏，是属于CCD（CMOS）的硬件问题，因此坏点是无法维修的，对CCD（CMOS）的某个感光元件进行维修几乎是不可能的，只有更换相机或CCD（CMOS）。

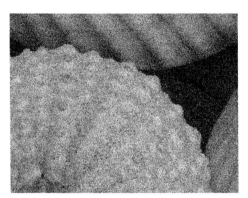

降噪前 曝光时间: 30秒

降噪后 曝光时间: 30秒

第二节 影像的技术控制

对于数码相机拍摄使用时的技术控制，每位初学摄影的朋友似乎都有那么一点自信，他们发现自从有了数码相机，从说明书上适当地了解一点相机的功能设置，拍出来的照片在曝光与清晰度等层面基本上八九不离十。然而，在沾沾自喜的同时也经常陷入一片尴尬境地。原因是在很多情况下所拍摄的照片总是不尽如人意，同样的拍摄题材比起专业摄影师来好像要差一大截。譬如说，照片中物体的质感、色彩总得不到准确的表现，照片的总体影调平淡，影像的清晰度在很多情况下也表现欠佳。这是相机出了什么问题吗？答案是否定的。这应该是拍摄者选择曝光的方式以及控制曝光的能力出了问题。其实只要稍微花一点时间对影像的技术控制进行学习，专业摄影师所拍摄的影像效果还是很容易接近的。对于这个问题的学习并不难，但需要从简单入手，循序渐进地深入下去。

一 认识镜头

相机镜头由若干片透镜（凸透镜和凹透镜）组成，安装在相机机身前部，当快门开启时，CCD或CMOS影像传感器就能接受到射入镜头的光线并感光成像。

照相机镜头具有以下四种控制作用：

（1）控制影像的焦距；

（2）控制达到影像传感器的光量；

（3）控制影像的范围；

（4）控制影像的景深。

调焦环　变焦环

佳能EF70-200mm　f/2.8L

对影像焦距的控制

镜头焦距的含义是：镜头中心至CCD（CMOS）平面的距离。

理论上对焦距的计算是：无限远的景物在焦点平面结成清晰影像时，透镜或透镜组的第二节点至焦平面的垂直距离。（第二节点与镜头中心十分接近，通常位于镜头中心偏后一点）。

焦距的不同所带来的影像变化有以下两条规律：

1.焦距与视角成反比。焦距越长，视角越小；焦距越短，视角越大。视角小能够摄取远距离景物的较大影像比率；视角大能近距离摄取范围较广的景物。

焦距: 35mm
摄距: 2.5m
光圈: f2.8
快门: 1/2500秒
ISO: 200

焦距: 120mm
摄距: 2.5m
光圈: f2.8
快门: 1/2500秒
ISO: 200

2.焦距与景深成反比。焦距越长，景深越小；焦距越短，景深越大。景深大小涉及与纵深景物的影像清晰度，它是摄影中重要的实践与理论问题。前面两幅照片分别由35mm短焦距和120mm长焦距镜头在相同摄距、相同光圈条件下拍摄，我们可以从中比较出焦距的改变对视角、影像的清晰范围大小以及创意思维表现所造成的影响。

控制达到影像传感器的光量

光线通过镜头的光圈才能达到CCD（CMOS）感光平面，通过光线的量称之为"光通量"。

光圈是位于镜头内由若干金属薄片组成，可自由调节大小的进光孔。

光圈系数简称"f系数"，通常有以下典型数值：

f1、f1.4、f2、f2.8、f4、f5.6、f8、f11、f16、f22、f32、f45、f64。

这些"f系数"的典型数值是科学家经过严格计算而得来的。特别要注意的是：每一档光圈所通过的光量，是其左邻光圈的1/2，右邻光圈的2倍，而它们每相邻两档光圈之间通过的光量都是相等的。如f8通过的光量是f5.6的一半，是f11的2倍。因此我们必须对它们进行死记硬背，对下一步在摄影的实践中进行曝光控制有着重要意义。

当然，在我们常用的镜头中光圈的设置并不包括以上所有的f系数的典型数字，具体情况因每只镜头的设计定位而不同。对于小型数码而言，由于其自身的结构设计问题致使最小光圈一般很少小于f8。

这里有一个值得注意的问题是，现代数码相机的光圈设置在典型数值的基础上进行了细化，是在每两档光圈之间又增设了两档，从而把典型数值中的一档光圈分成了三等份，这样更有利于准确的曝光与细腻的影调控制。如：在f2.8与f4之间增设了f3.2和f3.5，在f5.6与f8之间增设了f6.3和f7.1等等。

f系数计算公式：f=镜头焦距/光孔直径

如：100mm镜头光孔直径为25mm的话，该镜头最大光圈系数就应为f4。

由f系数计算公式我们可以知道：光孔直径越大，所得到的光圈系数越小。因此，对同一焦距镜头来说，f系数越大，光圈越小；f系数越小，光圈越大。

"最佳光圈"是指每只镜头都有一档光圈成像质量最好，一般位于f8左右。当大于或小于这档光圈（最佳光圈）时，像差会渐趋增大而影响成像素质。

光通量与光圈大小成正比，光圈越大，光线通过的量越多，照片表现为越明亮；反之，光线通过的量就越少，照片表现为越暗淡；光圈与快门速度配合共同解决摄影曝光量的需要。大光圈镜头因进光照度大而曝光速度快，因此也称快速镜头。当然，镜头光圈越大，价格也越昂贵。相同焦距段的镜头光圈大一档，价格往往是成倍地增长。以尼康50mm标准镜头为例，在最大光圈为f1.8时，价格大约为750元左右，而最大光圈设计为f1.4时，价格上升至2300元左右。

任何两档光圈光通量的倍率关系我们可以通过计算的方式来了解。

对f系数光圈可用"2^n"来计算，如：在使用同一快门速度的前提下，f2与f8相差4级光圈（f2，f2.8，f4，f5.6，f8），即$2^4=16$，这意味着f2的光通量是f8的16倍。"这也是摄影实践中用于计算"光比"的方法。

光比，是摄影表现中的重要参数之一，主要指被摄物体受光面亮度与背光面亮度的比值。光比的大小，决定着画面的明暗反差强度。光比大，反差则大，光比小，反差则小。"

控制影像的范围

镜头可以控制照相机所"看到"和"记录"的影像范围大小，在影像传感器上形成影像的范围称之为视场。

从产生不同视场分，镜头可分为：标准镜头、广角镜头、长焦距镜头、变焦镜头。

标准镜头

标准镜头看到和记录下来的景物与人的眼睛看到的效果非常接近，它的视角大约为46度，照片上的景物从视觉感觉上来说似乎与人眼看到的一般大。其焦距长度近似等于所用感光器对角线的长度。135型照相机的标准镜头约50mm，120型照相机约80mm，4*5英寸照相机约150mm。

标准镜头接近人眼视角范围的景别更给人以真实平和的视觉感受。

50mm　f1.4

f8的光孔直径

f4的光孔直径

f2的光孔直径

1/60，f8（正常曝光）

1/60，f4（过两档）

1/60，f2（过四档）

广角镜头

又称为短焦距镜头,它所看到和记录景物的视角比标准镜头要宽广。镜头焦距越短,视角越宽广。

鱼眼镜头就是所谓的超广角镜头,焦距一般在12mm左右。35mm视角约为64度,30mm约70度,24mm约84度,20mm约为90度。

14mm f/2.8   24mm f/1.4

1/250秒 f/10 焦距14mm

1/250秒 f/4 焦距24mm

由以上两张照片我们可以看出,广角镜头通常会造成距离和被摄形象的夸张变形,即影像的失真。影像失真的程度主要取决于镜头的规格、质量、距被摄体的远近及拍摄角度。主要特征与用途如下:

1.景深大,有利于把纵深范围较大的被摄景物都清晰地在画面上表现出来。

2.视角大,有利于较近距离摄取较广阔的景物范围,这一特点在狭窄的空间环境中拍摄时中尤为突出。

3.纵深景物的近大远小收缩比例更为夸张,给画面带来了强烈的透视感与视觉冲击力。

4.影像的畸变像差较大,尤其在画面边缘部分。我们经常发现利用广角镜头拍摄多人合影时,画面边缘的人物往往变形强烈,有时头部近似于平行四边形。因此利用广角镜头进行近距离拍摄时一定要考虑影像变形失真的问题。

(注意:镜头焦距越短,以上特征表现越明显。)

小广角的纪实语言

35mm的广角镜头被认为是最佳的纪实摄影镜头,因为它可以在与对象保持一定交流距离的基础上摄入更多的视觉信息,同时广角镜头带来的畸变像差也在可接受的心理范围之内(见下页《芭蕾在中国》)。

长焦距镜头

又称远摄镜头,其视角小于、焦距长于标准镜头。与广角镜头正好相反,能以较为窄小的视角观看和纪录被摄景物。

镜头焦距越长,视角越窄小。对于135相机而言,120mm镜头视角约20度,200mm约12度,300mm以上约为8度以下。

1/250秒 f/4 焦距24mm

《芭蕾在中国》专题部分作品　镜头: 35mm 定焦　相机: 莱卡M6　谷永威 摄

长焦距镜头主要特征及用途如下:

1.景深小,有利于使被摄主体清晰突出而背景虚糊,如人像摄影中的特写镜头多数使用长焦镜头拍摄。

2.视角小,可以远距离摄取景物的较大影像比率且不易干扰被摄对象。

3.能适当压缩纵深景物近大远小的比例,使前后景物在画面上紧凑,感觉缩小了画面透视的空间距离。这当然也是一种影像层面的失真。

4.影像的畸变像差小,此特点在要求表现很唯美的人像摄影中发挥着重要的作用。

以上四种特性,焦距越长表现越为明显。

变焦距镜头

包含有若干个焦距组合的镜头,可以在不更换镜头的情况下随意改变焦距进行拍摄创作,具有重要的实用价值。如24-85mm镜头就相当于拥有从24mm到85mm之间所有焦距段的镜头。但多数变焦镜头光学特性稍差,最大光圈也较小,相对来说影像的清晰度

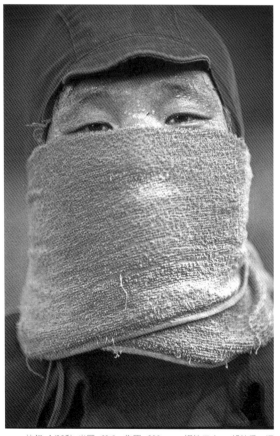

快门: 1/30秒 光圈: f2.8 焦距: 200mm　钢铁工人　胡桂香 摄

美国摄影师弗朗科·方塔纳创造性地运用长焦镜头把远景拉近，以较小的视角突出风景的某一局部。利用长焦镜头能压缩画面透视和空间距离的特性，使画面形成强烈的抽象形式与平面感。

不如固定焦距镜头。虽然如此，但变焦镜头在拍摄实践中使用十分方便，满足了很多人一镜走天下的愿望。一般来说，变焦倍数越大，镜头成像素质会越差。如70-200mm镜头的变焦倍数约3倍。选购镜头时，变焦倍数最好不要超过5倍，超过这个倍数的镜头往往成像素质等层面是非常业余的。因此，初学摄影的朋友千万不要被高倍的变焦倍数镜头所迷惑。尼康镜头中有17-35mm、28-70mm、70-200mm三款镜头号称为"尼康三剑客"，因为这三款镜头包括了所有常用且实用的焦距段，并且变焦倍数都不超过三倍。

尼康"三剑客"
70-200mm
28-70mm
17-35mm

变焦镜头带来的特殊效果：变焦镜头除了可以随意改变焦距拍摄外，还可以产生有趣且富有创造性的影像效果。拍摄这幅照片的方法，是在准确曝光的基础上，使用相对较慢的快门速度拍摄，在快门打开的同时迅速转动变焦环而产生，使本来静止的对象在照片中变得极具动感。　聂劲权 摄

人像镜头

对所有的摄影者来说，拍摄人物肖像恐怕是经常要面对的问题，因为我们终究是生活在一个以人为本的社会里，我们的身边有家人、朋友、老师、领导、同学……我们拍摄人物肖像时，往往希望人物的头部充满大部分画面，这样显得构图比较饱满，同时也能更为充分地展示对象的情感和神态。但是如果拍摄距离过于遥远，则不利于与被摄对象的沟通；如果镜头过于接近被摄对象，又会出现诸如"大鼻子"等畸变问题。然而又怎样才能达到我们预想的目标呢？在这里我们可以寄希望于某焦距段的镜头。

怎样的镜头才可以胜任拍摄肖像的工作呢？我们可以通过几个拍摄试验来找出答案。右面是分别使用20mm、24mm、35mm、50mm、85mm、105mm、135mm、

200mm镜头对同一人物肖像作同一景别的拍摄实验，我们可以通过以下的实例分析，判断出什么焦距段的镜头最适合于我们自己人像摄影的标准。

很显然，使用85mm焦距镜头拍摄的人像，不仅完全可以满足我们真实表现对象的要求，而且使用它进行拍摄时又可以与对象保持一个不近又不远的距离，这样

20mm

24mm

35mm

50mm

85mm

105mm

135mm

200mm

的距离比较有利于摄影师与被摄对象交流而又不会太干扰对象的情感表现。所以，85mm焦距的镜头也被摄影界公认为最好的人像摄影镜头，85mm、f1.2光圈的镜头也因此被戴上了"人像王"的桂冠。

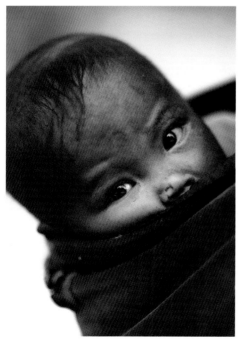

这组大凉山系列人像出自于佳能85mm、f1.2人像镜头，该镜头以其超群的画质和极佳的景深效果与色彩表现，当之无愧地赢得了"人像王"桂冠。
佳能5D机身　85mm、f1.2镜头
王立忠　摄

时尚人像摄影

微距镜头

微距镜头是一种可以在非常近距离的情况下对被摄体进行聚焦且能得到较大影像倍率的镜头。人眼往往在观察距离近于15cm的物体时就彻底虚糊了，而微距镜头依赖其内置的光学校正装置就能实现近距离观察。数码单反相机需要另加配微距镜头，也有的变焦镜头上带有微距功能，但往往有拍摄距离、焦距段等因素的限制。目前流行的小型数码相机基本上都带有微距拍摄功能，最近对焦距离都在2cm左右。但这种微距功能一般只能在广角条件下使用，在实际使用时会受到一定的限制。

在微距摄影时，被摄体大小与照片上影像大小之比称为成像比，如被摄体的高度为6英寸，而所成影像高度为2英寸，那么成像比为：2∶6=1∶3。1∶1则表示所呈现的影像与被摄体一样大小。微距镜头以其优秀的画质表现与不同寻常的视角，被广泛地应用于商业广告与艺术摄影领域。

美国著名摄影师厄恩斯特·哈斯在其作品中使用微距镜头为我们创造了一个个奇妙的世界。

《混沌》之一　厄恩斯特·哈斯　摄

《混沌》之二　厄恩斯特·哈斯　摄

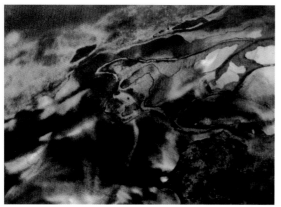

《混沌》之三　厄恩斯特·哈斯摄

《四季》之一　厄恩斯特·哈斯　摄

《创世纪》是哈斯在1959年至1970年间创作的一个宏大的摄影主题：表现地球的诞生、地球上的各种原始动力和繁衍在地球上的动物、植物等"芸芸众生"及四季的变化。表现地球的初创，哈斯没有也不需要爬上航天飞机去拍摄地球，而实际只是利用微距摄影表现了一些我们身边常见的，且极不易被我们注意的小细节。如前面两幅作品，哈斯只是用了一只55mm微距镜头在室外阳光下对一个小小的海贝外壳上的肌理进行观察而拍摄到了奇妙效果，把地球初创时的洪荒与混沌表现得淋漓尽致。在表现花卉盛开的作品中，哈斯还是用了

《四季》之二　厄恩斯特·哈斯　摄

《四季》之三　厄恩斯特·哈斯　摄

《四季》之四　厄恩斯特·哈斯　摄

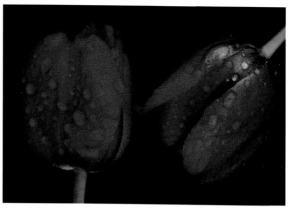

《四季》之五 厄恩斯特·哈斯 摄

《四季》之六 厄恩斯特·哈斯 摄

一只50mm的微距镜头,在玫瑰花逐渐开放的过程中,拍摄了一层又一层花瓣围绕着的花心,好像是簇拥着一个蕴藏着幸福与希望的天堂。在另一幅特写花卉中,镜头竟深入到花心里,拍摄了几根小小的花蕊。极度的近摄,使景深大大缩短,以至于花蕊周围都变成了如梦如幻的虚雾,给画面带来了朦胧诗一般的意境。【4】

在商业广告摄影中,微距镜头对于细小物品的表现有着非常重要的实用价值。

上图:(德)Stauding Franke 摄

左图:(美)Bret Wills 摄

小景深与大景深控制在人像与
风光摄影实践中的应用
左图: 著名画家张望先生
右图: 交河故城
聂劲权　摄

景深的控制

景深是指照片上可以认为清晰的区域里最近点到最远
点的距离, 也就是指照片上清晰范围的大小。

右图是一张利用较浅景深表现的作品, 作品中清晰的
小男孩从虚糊的两位大男孩前景和背景中突显出来,
从而确立了他在画面中的主体地位。

试着想象一下, 如果我们把这张照片用大景深的形式加
以表现会产生怎样的感受呢?

当画面中的三个小孩都非常清楚地展现在我们面前
时, 那么照片的形式和思维表现将发生很大的改变。由
此可见, 照片景深大小的选择要根据我们所表现主题
的需要以及主观的创意思维而确定, 对照片景深大小
的选择是一种重要的、充满智慧的创造性手段。

景深在摄影表现层面的两种最主要的应用是:

1.可以缩小照片的景深, 仅仅清晰地表现重要物体而使
其突出, 让不需要的或次要的物体虚糊而被隐去 (如上
左图)。

2.可以扩大照片的景深, 使所有的被摄体在画面上都能
清晰地展现出来, 表现出它们的每一处细节, 使我们能
通过画面丰富的细节表现来传递艺术创意的思维信息
(如上右图)。

在这里, 有一个值得思考的问题是: 大景深与小景深的

运用, 在摄影的艺术表现领域有着怎样的重要意义?

从技术控制层面来把握景深, 我们可以通过三个方面
来实现: 1.调节光圈的大小; 2.改变调焦的距离; 3.使用
不同的镜头焦距。

大凉山系列人像　王立忠　摄

光圈大小对景深的影响

选择不同大小的光圈来控制景深是一种最常使用的方法，当我们通过相同镜头的同一焦距与相同拍摄距离对同一被摄对象聚焦时，从以下示意图可以看出，使用大光圈 f2.8 得到的照片景深远远小于小光圈 f16 的景深范围（数轴上的绿色部分为景深范围）。由此，当我们需要拍摄一张小景深或大景深照片时，只要我们利用互易率原理尽量放大或缩小光圈拍摄，就可以在一定程度上达到控制景深的目的。

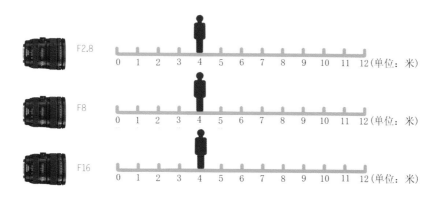

结论：

光圈孔径越小（f系数越大），景深越大；光圈孔径越大（f系数越小），景深越小（景深与光圈大小成反比）。

曝光组合：f2.8, 1/500秒
焦距：150mm, 摄距：4m

曝光组合：f8, 1/60秒
焦距：150mm, 摄距：4m

曝光组合：f16, 1/15秒
焦距：150mm, 摄距：4m

调焦距离对景深的影响

从下图可以看出，即使采用相同的光圈和焦距，当拍摄距离不一样时，也会产生很大的景深变化。从照相机到被摄体间的距离越大时，所拍照片的景深也将越大。

结论：

调焦距离越小，景深越小；调焦距离越大景深越大（调焦距离与景深成正比）。

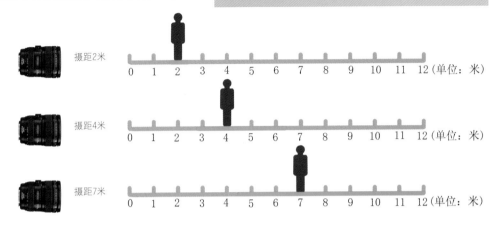

| 摄距：2m | 焦距：80mm |
| 光圈：f5.6 | 快门：1/250 |

| 摄距：4m | 焦距：80mm |
| 光圈：f5.6 | 快门：1/250 |

| 摄距：7m | 焦距：80mm |
| 光圈：f5.6 | 快门：1/250 |

使用不同的焦距对景深的影响

由以下示意图可以看出，使用24mm的广角镜头拍摄照片时所得到的景深远远大于150mm长焦镜头所得到的景深。

结论：

镜头的焦距越短，景深越大；镜头的焦距越长，景深越小（焦距与景深成反比）。

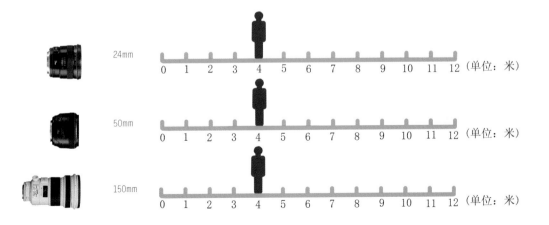

镜头：24mm　摄距：4m
光圈：f5.6　快门：1/250

镜头：50mm　摄距：4m
光圈：f5.6　快门：1/250

镜头：150mm　摄距：4m
光圈：f5.6　快门：1/250

由前面三种控制景深的方法我们可以看出，对某一物体调焦，其前景深比后景深要小，多数情况下比例大致为1：2（焦点之前的景深范围称之为前景深，焦点之后的景深范围称之为后景深）。因此将调焦点大致调整在被摄景物范围的1/3处，我们就能在该拍摄条件下获得最大景深。

预先了解景深的方法：

1.运用照相机上的景深预测按钮了解景深。

2.读镜头上的景深刻度了解景深，但目前多数自动镜头已取消了这种设计，只有少数专业镜头和手动镜头上拥有景深刻度。

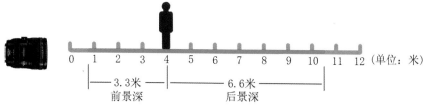

0　1　2　3　4　5　6　7　8　9　10　11　12（单位：米）

3.3米
前景深

6.6米
后景深

问题：

当我们想要获得一张最小景深和一张最大景深的照片时，应该采用怎样的措施？

控制景深要注意的几个问题：

1.除了光圈、摄距和焦距影响景深大小外，在制作照片时所需放大的倍率与景深大小也是密切相关的。一张照片，当我们放大至5英寸时看起来似乎很清楚，但当我们把它放大至20英寸时可能就不一定清楚了。

2.光圈、摄距和焦距以及在制作时所需放大的倍率对景深影响的规律，均是相对而言的，即这四个因素在其中三个因素相同时，另一因素对景深大小的影响规律才成立，否则这些"规律"就不一定成立。

如：镜头焦距120mm对焦在2m处，f22的景深大约为

1.7–2.6m；对焦在5m处，f11的景深大约为4.2–6.6m；对焦在8m处，f8的景深大约为6–12m。光圈小的（f22）景深是0.9m，而相对较大的光圈（f11）和（f8）的景深分别是2.4m和6m，这一现象明显与光圈控制景深的规律相悖，究其原因还是由于摄距不一所致。

3.当使用微距摄影时，前景深与后景深之比接近1：1；当使用广角镜头较近距离拍摄时，前后景深的比例将大于1：2。

这幅表现的是篆刻艺术家范正红先生的照片，充分地利用了小景深的表现力，把代表艺术家成就的篆刻作品置于景深范围之内，艺术家本人则置于景深范围之外，而f4光圈的运用使艺术家和背景虚而有度。让人们深刻感受其艺术成就的同时，也感慨于篆刻家对艺术的执着与探索的精神。
曝光组合: f4, 1/15秒　聂劲权 摄

这张表现新疆塔什库尔干地区塔吉克人建筑的照片，采用了小光圈拍摄以获取尽量大的景深效果，从而对该地区的人文特点与环境气氛作了非常准确的传达。掠过画面的黑色飞鸟更使作品传递出一种古老而神秘的气息。
曝光组合: f22, 1/30秒　聂劲权 摄

二 了解快门速度

快门从开启到闭合的时间即为快门速度,它有两个主要作用:

1.能够控制影像传感器接受光线的时间长短;

2.能够影响影像所表达物体的动作快慢。

快门开启时间的长短是曝光的关键因素之一。快门的开启和关闭控制着曝光所经历的时间。所以,它和光圈一起构成了准确曝光的两个关键因素。

多数照相机快门速度都有一个很宽的变化范围,并且可以根据光线的强弱加以控制。它也和光圈一样可控制曝光量。如:光线暗淡时,需长而慢的快门速度;光线明亮时,快门速度相应短或快。

现代数码相机快门速度的典型数值如下: 1/1, 1/2, 1/4, 1/8, 1/15, 1/30, 1/60, 1/125, 1/250, 1/500, 1/1000, 1/2000, 1/4000……(单位:秒)

与光圈的设置一样,这些快门速度的典型数值是科学家经过严格计算而得来的,特别要注意的是:它们每相邻两档速度之间的光通量也都是相等的,并且还等同于两档光圈之间的光通量。因此我们也必须对它们进行死记硬背,对下一步在摄影的实践中进行曝光控制有着重要意义。

这里有一个值得注意的问题,现代数码相机的快门速度设置也和光圈一样在典型数值的基础上进行了细化,是在每两档之间再增设了两档,从而把典型数值中的一档快门速度分成了三等份。这样更有利于准确曝光与细腻的影调控制,也使摄影的曝光控制能在典型数值的基础上变得更加游刃有余了。如:在与1/8与 1/15之间增设了1/10 和1/13,在1/60和1/125之间增设了1/80和1/100 等等。

多数照相机设有"M"档、"B"档、"P"档、"Av"档、"S"档和"Tv"档。

"M"档是一纯手动控制曝光的模式,依靠摄影者手动调节光圈和快门来控制曝光。使用"M"档时,如果对曝光的认识不足,同时也没有独立式测光表辅助测光时,是很容易出现曝光失误的。因此,初学者要谨慎使用该档,但对"M"档使用得当,可以得到更为主观的曝光。

"B"档主要用于长时间曝光拍摄,如拍摄夜景时使用,曝光时间根据自己的经验来确定。方法是按动快门即开始曝光,释放快门即结束曝光。

"P"档称为程序式曝光模式,这个档在设定好白平衡、曝光补偿和测光模式的基础上,相机内置测光系统

1/30, f2.8(正常曝光)

1/15, f2.8(曝光过一档)

1/8, f2.8(曝光过二档)

1/4, f2.8(曝光过三档)

会根据拍摄现场光线条件自动给出一组合理的光圈、快门组合进行拍摄。

"S"和"Tv"档都称为快门优先模式，即手动调节好快门速度后，相机内置测光系统会根据光线的强弱自动设定相应的光圈值进行拍摄，从而达到准确曝光的目的。选择该档一般基于以下几点原因：一是为避免因快门速度过慢使手持相机拍摄因抖动而导致图像模糊；二是拍摄体育比赛现场时，为避免快门速度过慢无法定格动体而致使影像模糊；三是为了表现有强烈动感效果的影像时，必选择较低的快门速度。在选择使用慢速快门时，有时会因快门速度过低而导致光圈自动收到最小仍然出现曝光过度，这时可在镜头前适当添加减光滤镜来达到减少光通量的目的。

"Av"档称为光圈优先模式，即手动调节光圈，相机会根据测光情况自动给出一个恰当的快门速度，与预先设定的光圈值形成一个曝光组合而达到准确曝光。此时快门是不能手动调节的，但可以通过"+/−"的调节来控制曝光量的多少。在"Av"档模式下，调节光圈大小对曝光量是无任何影响的，但对景深会造成很大影响，这也是我们使用该档拍摄的主要目的之一。

在Auto/Tv/Av/P档中曝光值是被内置测光表锁定的，通过调节光圈或快门速度是不能改变曝光值的，所改变的只是景深或拍摄对象的动作状态。只有在M档中才会改变曝光值，因为M档中是不受内置测光表限制的。在P/Tv/Av中只能依靠调节曝光补偿（"+/−"）来改变曝光值，在A档中调节（"+/−"）曝光补偿实际上是对速度进行调整，在S或Tv档中是相当于对光圈进行调整，而在P档中对两者进行调整。

快门速度能够影响影像所表达物体的动作状态

1.高速的快门速度可定格快速运动的被摄体。如：行驶的汽车和飞机，射出枪口的子弹及体育摄影等等。

2.当使用较慢的快门速度拍摄时，被摄物或照相机是运动的，结果就会产生一幅模糊而富有动感的影像。具体

美国著名摄影师哈尔曼斯利用高速的快门速度可定格快速运动被摄体的特点，与超现实主义绘画大师达利一起进行了超现实主义的摄影实践，从而形成了这幅世界摄影史上的经典之作《原子的达利》。照片中的所有物品，包括人都飘浮在空中而产生超现实的意味。照片的创作过程是这样的：先用细铁丝把画架悬挂起来，一名助手举起椅子站在画面的左侧，画面的右侧分别由四个助手抱着三只猫、端着一盆水。一切准备就绪后，摄影师一声令下，猫被抛出来，水泼出来，达利同时跳起来。而在此时，摄影师利用较高快门速度（1/500秒以上）把这具有超现实意味的瞬间凝固了下来。据记载，这个画面当时反反复复共拍摄了28次，持续了6个多小时，才获得了这一次最佳的瞬间。画面中所有的造型元素在空间位置层面都得到了最佳的配置。

方式有以下几个层面:

a.照相机不动,被摄物体运动。

b.被摄体不动,照相机运动。这种方式可以使本来处于静止状态的事物变得具有动感而更富表现力。当然,使用这种方式一定要谨慎,切不可滥用。

c.照相机与被摄物体一起运动,即移动照相机来跟踪被摄体(俗称为"追拍"),此方法体育摄影常用之。这种方法

拍摄这一类型的照片,心里首先必须明确在影像的哪一部分模糊哪一部分清楚。针对这张照片,在对最终的影像效果在头脑中做了定位后,再对现场进行测光得到1/125秒、f5.6,根据互易律原理,我们把曝光组合设定为1/8秒、f22,接下来的工作就是支好三脚架并等待工人从这里路过,当工人处在恰当位置时按下快门即可。
快门: 1/8秒 光圈: f/22 聂劲权 摄

这张照片的拍摄方法是: 在准确曝光的基础上,把速度设定在1/8秒以下的档位,手持相机拍摄时在按下快门的同时,按自己需要的方向迅速移动相机即完成拍摄。由于慢速拍摄,现场中的灯光等较亮的物体就会在照片上留下长长的运动轨迹,形成光怪陆离的影像效果。
1/4秒、f4、ISO400 光圈: f/22 聂劲权 摄

运用得当，可以使被摄主体相对清晰，背景由于主体的急速移动而变得非常模糊，从而给人以强烈的运动感。

d.被摄主体和照相机都不动，其他被摄体运动产生动感而突出主体。

这种拍摄方法旨在通过虚化陪体而使画面充满动感，从而使主体更加突出、清晰。照片中的路人因行走而产生动感，不仅加强了动与静的对比关系，而且也使简单的影像更具意味。

曝光组合: 1/8秒、f22　　许剑　摄

这是英国摄影师尼格尔·哈泼尔运用快门速度的特性所创作的成功例子。在曝光长达2秒的过程中，新郎与新娘必须保持稳定而表现相对清晰，围绕新婚夫妇走动的宾客因运动而产生了强烈的动感效果。由于静与动的对比以及暖色现场光线的烘托，使婚礼更显欢快、热闹而祥和。

三 互易律

互易律是光圈和快门速度可以按正比逐档互易而曝光量保持不变的规律。

如：使用1/500、f2.8，1/250、f4，1/125、f5.6，1/60、f8，1/30、f11，1/15、f16，1/8、f22等曝光组合进行拍摄时，都将得到曝光量相同的照片（即亮度相同但景深不同的照片）。也就是说，这些曝光组合是符合互易律的。由于互易律造成了光圈的改变，致使照片的景深也发生改变，因此在利用互易律时一定要慎重（如下图）。

互易律对于胶片相机与数码相机拍摄都是适用的。

互易律失效

是指使用胶片相机拍摄照片时，当曝光时间为1秒（或更慢速）和短于1/1000秒时就会出现互易律失效。主要原因是：

（1）曝光时间短时，胶片中感光乳剂中的卤化银晶体得不到足以促使它们反应的时间，从而导致曝光不足（卤化银晶体是有一点惰性的）。

（2）曝光时间等于或长于1秒时，卤化银晶体开始丧失对光的敏感性。如：1秒钟并不产生两倍于曝光1/2的效果，或f11，1/2秒＝f8，1/4秒≠f16，1秒。

因此在拍摄实践中在准确曝光的基础上应尽量把曝光时间设置在不需顾虑互易律失效的范围之内。

数码摄影的互易律失效

数码相机影像传感器（CCD、CMOS）的感光特性与胶片是有所不同的，所以互易律失效问题在数码摄影层面需要重新考虑，不能简单沿用胶片摄影的经验。而且不同厂家不同生产工艺的影像传感器在这个问题上的表现也是不同的，不能把一台相机的经验套用到另一台相机上。

然而，数码相机可以在拍摄之后立即通过LCD回放检查曝光是否达到预期效果，即使不经过精确的测光，不去考虑互易律失效问题，经过简单测试之后，一般也都能得到比较准确的曝光。因此，互易律失效问题在数码摄影中可以不用过多考虑。但另一个问题需要慎重考虑——信噪比。就是当光线非常暗弱时，在进行长时间曝光时，由于影像传感器工作时间的延长，温度也会逐渐升高，同时噪音也会几何级攀升，这是数码相机长时间曝光比较头痛的问题。

采取降温措施控制相机，尤其是控制影像传感器部位温度的上升，是应对信噪比问题的较好方法。【5】

以上四张照片曝光组合分别为"f2.8、1/500"、"f5.6、1/125"、"f11、1/30"和"f22、1/8"，使用这些符合互易律的曝光组合所拍摄的照片虽然亮度可以保持一致，但它们所表现的景深效果却发生了很大的改变。

四 使影像更清晰

对于摄影来说，清晰度往往是评价一张作品成功与否的重要指标之一。尽管现代数码相机可以随拍随看，但多数初学者在影像的清晰度这个层面上还总是容易栽跟头，问题主要集中在使用较慢快门速度、景深和对焦点的选择这三个层面。

首先，在使用较慢快门速度拍摄时，必须要保持相机的稳定，这是使影像更清晰的前提条件。保持相机的稳定要注意以下几个方面：

（1）在快门速度不是非常慢而只能手持拍摄时（速度在1/15秒至1/125秒之间时），手持相机的姿势是一个很重要的问题，因为不同的姿势会给相机带来不同的稳定性。

（2）在使用较慢快门速度手持拍摄时，可以利用墙壁、树干等作为依靠，可以在一定程度上保持身体的平衡而使拍摄时保持相对稳定。当然还可以把相机依托在凳子、桌子、书本、室外的石头等物体上，也同样可以保持相机稳定而得到清晰的影像。

（3）在使用长时间曝光拍摄时，建议一定使用三脚架。在室外拍摄环境刮风较大的情况下，还可以在三脚架下悬挂重物以保持稳定。

其次，景深的控制也是影响清晰度的重要指标，主要体现在全景、远景的拍摄层次。

再次，焦点的选择也是影响清晰度的重要方面，初学者是最容易在这个简单问题上出错的。拍人像时对焦点一般选择眼睛，因为眼睛不清楚时似乎整个人都是虚的；在拍其他景物的时候一般选择您所认为的画面视觉中心进行对焦，这样容易使主体突出而达到强化主题思想的目的。另外，从某种意义来说，对于不同焦点的选择，照片所传递的思想内容也会产生质的变化。

还有，尽量使用低感光度条件拍摄，因为高感光度会使影像噪点增加、反差减弱而影响影像的清晰度。

总之，我们只要把能影响影像清晰度的因素都考虑到，并想办法消除或减弱它们，影像的清晰度问题也就迎刃而解了。

四川米亚罗风光
张百成 摄
保持相机的稳定是
创造高品质摄影作品
的根本保证。
光圈: f22
快门速度: 60秒

不同的景深控制, 照片会给人带来不同的视觉印象。曝光组合: 1/8秒、f22 (左图), 1/500秒、f2.8 (右图)

不同的焦点选择，也会使照片传递出不同的视觉感受与主题思想。

五 什么是18%灰

18%灰其实就是一种特定的灰色调，它介于纯黑与纯白的正中间，我们也经常称之为中灰色调。

我们之所以能看到物体，主要不是因为我们有眼睛，而是因为物体能发光或反光，大多数物体是因为它们能反光。反射光线越多，物体越显得明亮。这种反射光线的强弱我们用"反射率"来表示。乌黑为0反射率，而全白色的反射率为100%，我们所见到的所有物体色调都处在乌黑和全白色这两个极限之间。

一般来说，这种中灰色只能反射照到其上光线的18%，也即反射率为18%，因此我们就称这种中灰色调为"18%灰"。

18%灰位于纯黑与纯白的中点，按推理应为反射50%的光线，但测量表明它只反射18%的光线，即此灰只反射18%的光线。至于原因，我们可以不必去深究，因为它属于科学的范畴。

"18%灰"对于摄影曝光来说有着非常重要的意义，因为摄影的曝光是以18%灰为基准的。也可以这样认为，全世界所有的照相机测光系统与独立式测光表都是以18%灰为基准进行设计制造的。这种设计的意义在于，我们用测光系统对准任何地方测光并按测光读数进行拍摄，都会拍出一个和18%灰亮度一样的照片来。因此，我们在摄影实践中必须牢牢地把握18%灰这个基准亮度并灵活加以运用，这也是我们掌握曝光控制的基本前提。

这位女孩手中所持灰色卡片就是18%的标准色卡，这是一种由柯达公司生产的相对比较准确的18%灰，用以作为拍摄实践中的曝光参考标准。持有这种灰卡对摄影准确曝光有着很重要的实用价值。这种灰卡在一般的照相器材商店都是可以买到，一个套装大概在200元左右，也有零售。图中这种小块灰卡的，价格大概30-40元之间。不过也有国产的，价格大约为5元左右，但不如柯达18%标准灰卡的精度高。

六 区域曝光的应用

"没有哪一种造型手段能像摄影那样，用从纯白到纯黑的无数个灰色层次的变化，把物体的立体感那样生动地表现出来。"

——大卫·罗森菲尔德

区域曝光法是美国著名风光摄影大师安塞尔·亚当斯创立的，是一种非常适用且行之有效的曝光控制方法。区域曝光法首先把我们所能见到的色调加以归纳，并按照影调的深浅划分为11个等差阶梯灰区域。

在这里值得一提的是：这11个等差阶梯灰区域每相邻一个区域相差一档光圈或一档快门速度的曝光量。而在这11个等差阶梯灰区域中，亚当斯把正中间的那个区域（第五区）设置为我们前面所定义的18%灰。11个等差阶梯灰区域定义如下：

0区：照片上一片漆黑，没有任何密度和细节。

I区：照片上已非全部漆黑，相对于0区感觉略有影调，但无细节和质感。在照片上同0区一样黑，但并置时有区别。

II区：照片上初步显示出一点细节的区域。是影像的最暗部分影调，如黑色布料和很暗的阴影等。

III区：这是第一个充分显示质感的暗部区域，也称为重点暗部。如深暗的树叶、棕色的头发等。

IV区：深色的树叶、石块或景物阴影部、在日光中拍摄人像的正常阴影部影调等。

V区：呈中灰色调（反射率18%）。如蓝色的天空、较深的人物皮肤、灰色的石头等。也就是我们使用测光系统测光并按该测光所得曝光组合拍摄得到的影像亮度。

VI区：在日光、天空光或人造光中皮肤的正常影调。如石头、阳光下雪景的阴影等。

VII区：最后一个有质感和细节的亮部区域，也称为重点亮部。如较浅的人物皮肤、浅色衣服和侧光照射的雪景等。

VIII区：带有一定质感的白色，有适当的影纹。如人物皮肤的高光部、白色的墙、白纸和白色雪景等。

IX区：接近纯白色，没有细节和质感，与I区的略有影调而没有影纹颇为相似。用聚光型放大机将小规格底片放大，照片呈纯白色，接近X区。

X区：呈纯白色。画面明亮，有反光。

由11区灰定义我们可以看出：0、I、II三区为深暗区域，III、IV、V、VI、VII为中间区域（也称质感区），VIII、IX、X区为明亮区域。

III区和VII区为有充分质感的暗部和亮部，我们称它们为重点暗部和重点亮部，熟记这两个区域对应用区域曝光是十分重要，它们是应用区域曝光法的一个重要尺度。现代数码相机上的曝光标尺就是按从III区至VII区这个质感区进行设置的。【6】【7】

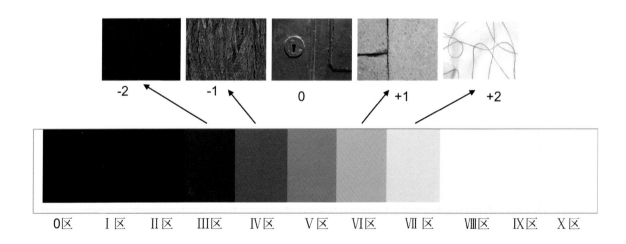

-2　　-1　　0　　+1　　+2

0区　　I区　　II区　　III区　　IV区　　V区　　VI区　　VII区　　VIII区　　IX区　　X区

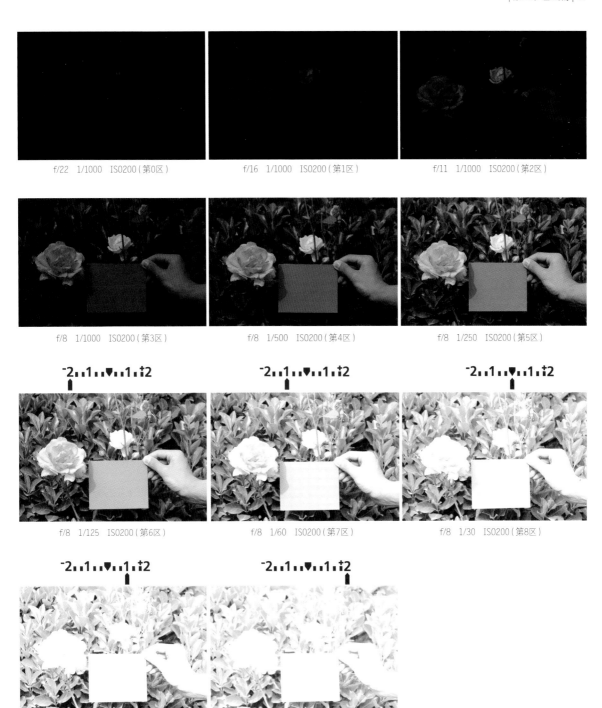

f/22 1/1000 ISO200（第0区）　　　f/16 1/1000 ISO200（第1区）　　　f/11 1/1000 ISO200（第2区）

f/8 1/1000 ISO200（第3区）　　　f/8 1/500 ISO200（第4区）　　　f/8 1/250 ISO200（第5区）

f/8 1/125 ISO200（第6区）　　　f/8 1/60 ISO200（第7区）　　　f/8 1/30 ISO200（第8区）

f/5.6 1/30 ISO200（第9区）　　　f/4 1/30 ISO200（第10区）

图中灰卡颜色为18％标准灰，以照相机测光系统对准灰卡进行反射式
测光并拍摄，准确还原第5区的灰卡颜色。然后再以该片为基准作前后
延伸5档曝光，灰卡呈现出从0-10各区域灰的亮度。

七 测光是怎样完成的

聪明而又愚蠢的测光表

所有的测光表（照相机内测光、独立式测光表等）都是以18%的反射率为基准设计出来的，所以测光表校准后要读取的反射率，不管被测物体为何影调，利用测光表读数的曝光组合拍摄出来的照片都为18%灰调。

1/8秒　f4（按测光表读数曝光拍摄的煤呈中灰色）

f8　1/125秒

f8　1/250秒

1/30秒　f4（按测光表读数曝光减少2级拍摄的煤呈黑色）

使用中央重点测光对黑人脸上进行测光并按所测曝光组合进行拍摄，得到的照片中黑人女孩脸呈现为18%灰影调。而通过分析，这位坦桑尼亚姑娘的脸部颜色应该定位为阶梯灰区域中的第4区。因此，在原有的曝光基础上减少一档曝光，就可得到第二张准确还原黑人女孩肤色的照片。同理，在第一张照片中表现为曝光过度的白色衣服和其他景物，也在第二张照片中得到了准确的再现。

由以上实验我们可以知道：从物体上某一部分测光并以测出的数值决定曝光时，该部分就将在相片上表现为中灰色。测光表是永远不会知道它所测对象是什么物体的，它只知道要测出一个像18%灰色那样的中灰色调曝光值来就算完成任务。

测光方式：

使用测光表

测光表有反射式和入射式测光表两种（其系统都是以18%中灰色调为基准设计的）。

反射式测光表

反射式测光就是测量被摄体的反射光亮度，或者说"是以18%灰影调再现测光亮度"。这是一种透过镜头测量被摄体反射光线强弱的测光方法（英文：Through The Lens），简称为TTL测光。所有的照相机内测光系统都属于这种测光模式。

不管我们把照相机测光系统对准什么色调的物体进行测光，它总是会"认为"被摄对象是中灰色调，并提供一个再现中灰色调的曝光组合来。

切记：反射式测光一般有三种测光模式，即平均测光、中央重点测光、点测光。这几种测光模式要根据自己的

按测光表读数拍摄，照片整体亮度处于中灰调。
曝光组合: f5.6、1/125秒　　月牙儿　　聂劲权　摄

根据拍摄对象的真实亮度，在测光表读数的基础上增加两级曝光后，照片基本还原现场亮度。　　曝光组合: f4、1/60秒

习惯加以运用，不同的测光模式有时会造成较大的测光误差，但只要运用合理、得当，都是可以准确达到测光要求的。

比较稳妥的方法还是使用18％灰板测光。

当我们将测光表指向一张18％灰板时，测光表将会给出一个推荐曝光组合，用该曝光组合拍摄应该能产生一张与18％灰板完全相同的照片。既然灰板上的18％灰色会真实地以18％灰色在成品照片上准确再现，那么所有其他与18％灰板并置的更黑或更明亮的色调也会在照片中准确、真实地重现。

入射式测光表

能直接测量照到被摄体上的光量，其测光读数与18％灰板的测光读数是一致的。

方法是: 将测光表置于被摄体位置，使测光窗朝向并垂

直于相机光轴方向测光。测光窗朝向的变化导致的是测光表接受到不同角度的光线，而不同角度的光线在光照强度层面是不一致的，从而也将造成测光不准确。

当在室内灯光下时，应坚持在被摄体位置测光，因为室内光线在多数情况下是呈不均匀分布的。在室外阳光下时，可不在被摄体位置测光，但应保证在相同光照条件下测光窗朝向并垂直于相机光轴方向测光。

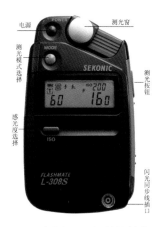

上图为世光308S型入射式测光表

测光完毕后调整模特的肢体动态。

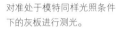

对准处于模特同样光照条件下的灰板进行测光。

调整完毕后,使用对灰板测光得到的曝光组合进行拍摄,完成这张人像的创作。

使用入射式测光表,不仅要尽量在被摄体位置测光,而且测光窗一定要朝向照相机并垂直于镜头光轴方向。因为测光表测光的方向稍有偏差,就意味着测光窗所感受到的光量与被摄对象不一致,从而造成测光误差。

从理论上来说,使用测光表测光和使用照相机在同一位置利用灰卡测光,可以得到相同的曝光值。而事实上由于各测光设备厂家在设计制造时会有一定的误差,因此,最终的测光值也可能会有一定程度误差的。当然这种误差一般是很小的,有时可以忽略不计。

1/125秒、f9

八 曝光标尺的使用

现代数码相机基本都具备有曝光标尺，它显示着每一次拍摄时的曝光情况。因此，对曝光标尺的认识和把握有着重要的实用意义。在曝光标尺数轴上显示的标尺相当于5档（光圈、快门速度或感光度）的曝光亮度控制，即0标尺（第五区的18%灰）为基准，左右各延伸两个区域灰亮度。而这5档曝光的控制又恰好与区域曝光法中质感区的第3区至第7区的灰度是一一对应的。所以，利用曝光标尺调节曝光其实就是在质感区域范围内针对被摄体亮度进行调节。但要注意一点，曝光标尺只能在"A"档、"P"档、"S"档和"T"档拍摄条件下使用。

由于我们照相机的内测光和所有的独立式测光表都是以18%灰为标准设计制造出来的，因此，我们可以利用摄影曝光的互易律原理，在准确测光的基础上放大一档光圈或减慢一档快门速度，就相当于按第六区灰亮度进行曝光，调整两档就相当于按第七区灰亮度进行曝光；反之，则是按第四区、第三区灰亮度曝光。

因此，熟记各阶梯灰区域的亮度对我们准确曝光是有非常重要意义的。我们从此可以根据被摄对象的亮度主动调整曝光，从而达到准确再现对象亮度的目的。

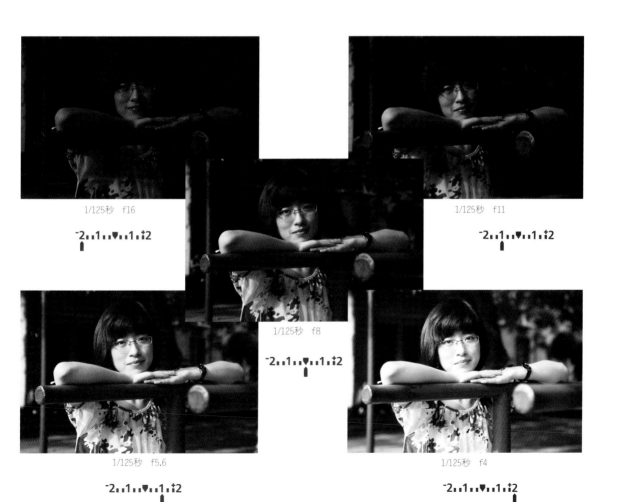

1/125秒　f16

1/125秒　f11

1/125秒　f8

1/125秒　f5.6

1/125秒　f4

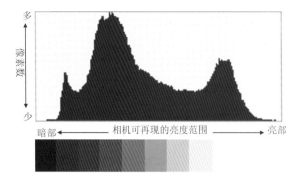

此图表现的是解读直方图的方法，横向坐标的波形宽度表示该图片影调分别的范围情况，纵向坐标的波形高度表示该图片影调体现一定范围影调存在的量。

九 根据直方图检查照片的曝光情况

由于我们总是利用电脑屏幕和数码相机的显示屏观看数码照片，而这些显示屏往往受不同观看条件和自身技术条件的制约，很难真正意义上准确观看其细微的影调变化情况。而在任何情况下，直方图能给我们提供非常准确的照片影调信息。由此，我们完全可以通过照相机的液晶显示屏检查直方图了解曝光情况，从而达到精确控制曝光的最终目的。一般来说，正确曝光照片的直方图一定要有足够的宽度。

根据该照片的直方图我们可以看出，在高反差的太阳光下，老人头上的白色头巾已有高光溢出，最暗的背光区域也有少量溢出。

十 高反差条件下的曝光

这种高反差情况是指景物的亮部与暗部的亮度之比超出、甚至远远超出了一定的范围，这一范围是指区域曝光理论中从阶梯灰有充分细节的暗部的第3区至有充分细节的亮部的第7区。也就是说最明亮的强光区到最黑暗的阴影区之间的亮度值范围的关系是大于5挡光圈的曝光量，即亮部与暗部的光比大于25=32。我们可以通过对亮部和暗部分别进行测光，然后对测出的曝光组合进行比较分析而得出这一结论。如我们通过照相机的反射式测光得知人物亮部曝光组合为1/125秒、f16，暗部曝光组合为1/125秒、f2，从而可以知道人物的亮部与暗部相差6挡光圈，也即他们的光比为1：64。这种情况下由区域曝光原理我们可以知道，当需要准确表现亮部的细节时，暗部将基本失掉细节。而当需要得到部分暗部的细节时，亮部又将基本失掉细节。因此，在高反差情况下拍摄照片，也是很多初学摄影的朋友所面临的一个难题。主要集中表现在两个层面的问题：一是如何曝光的问题，二是如何补光的问题。

首先，我们可以遵循一个原则：按亮部曝光。我们通过按亮部曝光，充分显示亮部的质感和细节。因此，在没有辅助光源为暗部补光的情况下，曝光一般先考虑亮部细节的表现，因为我们往往会把照片所表现的视觉重点放在亮部而使其更突出。

当然，也有按暗部曝光的时候，就是当最强的光线转变为辅助光的时候。

其次，被摄对象的亮部与暗部的反差过大，可以通过对暗部进行补光等方式来降低被摄体的反差，从而增加暗部的细节表现。具体措施主要有三种形式：一是使用反光板对暗部进行补光，二是使用灯光对暗部进行补光，三是调节相机功能设置中的反差调节模式（如下页图示）。

由于被摄对象亮部与暗部存在很大反差，在没有暗部补光的情况下以亮部曝光，将使暗部失去细节。
艺术家刘波先生　聂劲权　摄

同理，在暗部没有补光的情况下以暗部曝光，充分表达暗部的细节，则将使亮部曝光过度而失去部分影纹。
塔吉克少女　邵爱参　摄

补光前的影调　　使用反光板为暗部补光　　补光后的影调

十一 曝光过度或不足的影响

质感与色彩的准确再现是建立在精准曝光基础之上的。一方面，如果曝光过度或不足，被摄对象的表面细节则难以准确再现，当然质感也就难以体现；另一方面，在彩色摄影中，准确的色彩再现需要以准确的曝光为前提，曝光过度或不足都会导致影像偏色或色彩欠饱和。

曝光是否准确的问题在摄影的实践中是至关重要的。尤其是广告摄影，对曝光的准确性要求是非常严格的，因为广告摄影必须准确再现广告对象的质感与色彩，才能在一定程度上达到广告的目的。

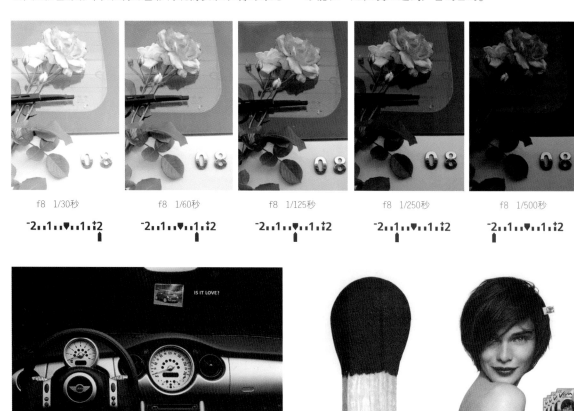

f8 1/30秒　　　　f8 1/60秒　　　　f8 1/125秒　　　　f8 1/250秒　　　　f8 1/500秒

广告产品的质感与色彩的准确再现，是以精准的曝光与影调控制为基础的。
左图: 选自《世界传世广告摄影2》第153页　WELLA　摄　　　右图: 选自《世界传世广告摄影4》第355页　MINI　摄

第三节 数码照相机的功能与实践

一 白平衡选择与控制

白平衡是用来控制照片使其准确还原被摄体色彩的一种功能，也称之为色温控制。一般的数码相机都有数种白平衡控制的设置，用以适应不同光源色温的拍摄条件。当拍摄环境光源色温较为复杂时，建议使用自动白平衡。选择白平衡拍摄，一方面要考虑是否需要准确还原对象的色彩，另一方面要考虑哪一种白平衡的色彩表现更符合您的创意表现要求。以下照片是在日光条件下使用各种白平衡模式所拍摄，从中我们可以看出各种白平衡模式所表现出来的色彩倾向是不大一样的。当然，使用各种白平衡模式在其他光照条件下还会呈现出另一种色彩样式。

荧光灯

ISO: 200
光圈: f2.8
快门: 1/500秒
相机: 尼康D300

日光

多云

白炽灯

闪光灯

自动

阴影

二 感光度(ISO)的应用

ISO感光度是衡量CCD或CMOS影像传感器感光速度标准的国际通用指标。从字面上来理解，感光度即影像传感器对光线敏感的程度，ISO数值越高就说明该影像传感器的感光能力越强。感光度越低，形成准确曝光时要求曝光量就越多；反之，就越少。常用的典型ISO值有50、100、200、400、800、1600、3200等等。

在这里需要特别注意的一个问题是，相同曝光量的前提下，ISO50时的曝光时间为ISO100时的曝光时间的2倍，而ISO100时的曝光时间又为ISO200时的曝光时间的2倍，为ISO400时4倍。也就是说，前面所列常用的典型ISO值中数字每增加一倍，曝光量可以减少一倍，但最终得到的照片亮度还将保持一致。如：在ISO100条件下曝光组合为1/60秒、f8，而在ISO200条件下只需1/125秒、f8，在ISO400条件下只需1/250秒、f8，在

ISO800条件下只需1/500秒、f8……因此，我们也由此可知道，改变一档感光度也相当于改变了一档光圈值或一档快门速度的曝光量，感光度、光圈和快门速度这三个因素的典型数字之间在控制曝光量层面上其实是一个等量关系。所以，在调整曝光时我们可以利用这三者的关系和互易律原理加以灵活运用。

一般情况下，ISO值越低，照片的成像素质越好，其影像细腻、清晰、低噪点；ISO值越高，在相同曝光值条件下照片的亮度就越高，而照片的质量会随着ISO值的升高而降低，噪点也会变得越来越严重，但高ISO值可以弥补光线的不足。因此，光线充足的情况一定要使用尽量低的ISO值，在光线较弱的情况下也要尽量使用低感光度拍摄，但切记要使用三脚架以保持影像的清晰度。而高ISO值只有在万不得已的情况下才使用。小型数码与专业单反数码在高感光度条件下的照片质量有着明显的差别。

ISO100　快门: 1/15　光圈: f11

ISO200　快门: 1/15　光圈: f11

ISO400　快门: 1/15　光圈: f11

ISO800　快门: 1/15　光圈: f11

曝光过度3档

由左图可以看出使用高感光度拍摄较之使用低感光度拍摄的图片有非常明显的质量变化。

ISO100
光圈: f8
快门: 1/125秒

ISO1600
光圈: f16
快门: 1/500秒

三 照片格式的应用

目前流行的数码单反相机大都具备两种格式可供选择，即RAW、JPEG格式，还有部分单反数码多一个TIFF格式，大部分的小型数码相机只具备JPEG格式。下面就格式问题做一简单介绍。

RAW文件，英文原意是"未经加工"。其实质是：影像传感器将捕捉到的光信号转化为数字信号的原始数据，同时RAW文件也记录了拍摄时的一些技术信息（如ISO、快门速度、光圈值、白平衡等）。RAW是未经任何处理和压缩的文件，可以形象的称之为"数字底片"。运用RAW文件有如下优势：1.RAW文件可以后期重新对白平衡、饱和度、对比度、曝光等进行任意的个性化调整，且不会有图像质量的损失；2.RAW文件可以将其转化为16位的图像，这对于阴影和高光区的调整非常重要；3.RAW文件可以释出高质量的影像文件，有利于大幅面的图像输出。为了给照片的后期调整留有更多的空间，所以一般情况下我们建议使用RAW格式拍摄。

Jpeg格式，是一种经过压缩的小文件，是由相机处理器根据前期拍摄设置，对照片进行相应调整压缩处理的结果。后期对影调与色彩的调整空间比RAW文件要小得多，所以在拍摄前期要把曝光与白平衡调节尽量做到精准，否则就会为后期的调整与制作带来麻烦。但jpeg格式兼容性好，常用的程序都能打开。Jpeg格式一般还有极精细、精细、一般等图片大小模式供选择。在此建议各位朋友在没有极端的特殊情况，一定按最大的模式拍摄。因为如果您使用了小尺寸模式，当有一天

想把它制作成一张更大的照片或需要发表印刷时，到那时因图片文件小而造成清晰度不够就要后悔莫急了。

TIFF格式，这种格式文件较大，比较浪费硬盘空间，在前期拍摄时不建议使用，但在付诸印刷时提交此格式有利于图片精度的提高。

四 光学变焦与数码变焦

现代数码相机的光学变焦与传统相机镜头工作模式基本一致，是通过镜片移动来对所需拍摄的景物进行拉近或推远，依靠光学镜头本身的结构来实现变焦。光学变焦倍数越大，使用也越方便、灵活，长焦端也越能拍摄到较远景物的较大影像比率。简单地说，光学变焦就是通过改变镜头的焦距而实现，是一种物理层面的变焦。值得一提的是：光学变焦不同于数码变焦，只改变取景范围和景深效果，对照片的成像质量不造成任何影响。

现代数码相机配备的光学变焦镜头一般在2–5倍左右，有的甚至可以达到10倍或者更大。如：24–120mm镜头的光学变焦倍数为5倍，它可以比较清晰且比较自由地拍摄到1–20米范围内的所有景物。

数码变焦（Digital Zoom）主要体现在非专业的小型数码照相机层面，其实质就是画面的电子放大。是通过数码相机内的处理器，把影像传感器上原来的一部分像素（部分画面）使用"插值"处理手段进行放大，直至充满整个画面，从而达到较远距离摄取景物较大影像比率的目的，是一种在光学变焦倍数受限制的情况下实行的数字模拟转换形式。通过数码变焦，所需拍摄的景物虽然放大了，但它的图像质量会有一定程度的下降，有点像VCD或DVD中的ZOOM功能，所以数码变焦并没有太大的实际意义。因此，我们在选购数码相机时不要被高倍的数码变焦所迷惑。

相机：佳能G10
曝光：1秒、f5.6
ISO ：100
摄距：0.8m
光学变焦140mm

相机：佳能G10
曝光：1秒、f5.6
ISO ：100
摄距：2.5m
数码变焦4倍

由以上实验我们可以看出，当使用光学变焦和数码变焦拍摄同样大小的画面时，数码变焦得到的影像清晰度不及光学变焦，数码变焦只是可以在更远一点的距离摄取被摄体较大比率的影像，对于影像质量几乎无意义。

本章作业要求：

1.熟练掌握控制景深的几种方法，利用手头现有的器材拍摄小景深的人像特写4张，不同景别的大景深照片4张。要求记录每张照片的拍摄数据（摄距、镜头型号及镜头焦距、曝光组合），另外照片要有丰富的空间层次和影调变化。

2.利用高速快门能凝固住运动体的特点，拍摄4张清晰的运动体，要求造型优美、曝光准确。

3.利用低速快门能表达物体运动状态的特点，拍摄4张具有动感的影像，要求照片影像动静结合，曝光准确。

4.利用互易律原理拍摄一组亮度一致且景深差别较大的照片4张。

5.在生活中寻找与阶梯灰第3区至第7区亮度一致的物体，并按区域曝光原理调节曝光组合逐一进行拍摄。

6.分别用–1、0、+1三种曝光拍摄一张影调动态范围达到5级灰度的照片，并根据直方图以文字的形式分析比较它们之间的影调分布。

7.在高反差条件拍摄照片6张，要求反差控制在1：4、1：8、1：16各2张。

以上所有作业要求构图严谨、用光合理、曝光与色温控制准确、形式感强。建议作业讲评4学时。

03

第三章 影像表现篇

残冬 周述政 摄

快速进入摄影表现领域的必经之道

我们对照相机的基本原理及相关技术手段有了较为熟练的把握后，就可以有效利用这个工具来达到我们两个方面的目的：首先是用来真实记录某物或某事物的影像，用以保存资料或宣传，如纪念照、新闻摄影、广告摄影等；其次还是用以记录某影像，而这种影像是与我们的心灵有某种对应关系的，是一种主观层面的摄影艺术创作。在这一部分中，我们主要探讨摄影艺术表现的一些手段与技巧。

第一节 摄影表现的基本法则

所谓法则，即"办法和规则"，而这些办法和规则一般是指前人在长期的实践过程中总结出来的各种经验。前人的办法我们要好好学，因为这样可以使我们在学习探索的过程中少走很多弯路。然而"法无定法，重在变通"，国画大师齐白石先生曰："法无定法，乃为至法。"又曰："学我者生，似我者死。"我们可以学习一些表现方法，但不能死搬硬套，而要灵活地加以运用。

一 景别的表现力

景别一般是指被摄的人或物在画面中呈现的范围，一般分为远景、全景、中景、近景和特写。有时根据需要，它们中间又可以有更加细致的划分，如大远景、中近景、大特写等等。因不同的景别所包含的景物范围大小不一样，所以给我们的心里感受也是完全不同的。也正因为如此，我们针对不同的艺术创作构思要慎重选择景别加以表现。

远景

包含景物范围最大的景别。它视野宽广，景深悠远，主要表现远距离的人或物以及周围广阔的自然环境和气氛。人在画面中有时只占有很小的空间，有时甚至没有人物的参与。它的作用主要是为了展示巨大的空间，介绍环境特点、人文面貌，展现景物的规模和气势。当然摄影者也可以利用远景抒发自己的主观情感。

冬天的日出
亚当斯 摄

全景

包括被摄对象的全貌和它周围的部分环境（如人物的全身）。与远景相比，全景有非常明显的视觉主体。在全景画面中，无论人还是物体，我们可以非常明确地感受到他们的形体关系。全景的作用是确定人与物、人与人或物与物之间的关系，展示环境特征，表现人和物的现状。右图为无名摄影师所摄，表现了在战争中失去胳膊和腿的孩子。

残缺　佚名

中景

包括人或物的大部分内容（如人物膝盖以上的部分）。在中景画面中，人或物的形象特征占有画面的主要空间而成为主体。使用中景画面时，可以非常清楚地看到人与人之间的关系和感情交流，人与物、物与物的相对位置关系也能得到非常明确的体现。对于以表现人物动作、手势等富有表现力的动态特征为主的照片，建议使用中景表现比较合适，而这时环境空间则作为主体人物的衬托降到了相对次要的地位。这样，更有利于展现人或物的个性特点。

近景

包括被摄对象更为主要的部分（如人物腰部以上的部分），这种景别可以更加细致地表现人物的精神面貌、体态特征和物体的主要特点。使用近景拍摄，就像被摄对象和我们坐在一起交流，可以更加清楚地看到表现人物心理活动的面部表情与细微动作，容易产生情感的交流（如下图：让鲁普·西夫摄）。

屠宰工莱特　理查德·阿威顿　摄

特写

是表现被摄对象某一局部的画面（如人物肩部以上
及头部或头部的局部），它可以对拍摄主体作更为
细致的展示，可以更加清晰、细腻地表现其表面丰
富的细节和质感。特写镜头可以是整个画面清晰反
映事物丰富细节的某一局部，也可以是背景虚化仅
仅清晰表现主体局部细节的内容。特写反应的内容
相对比较单一，但起到典型放大形象深化内容、强
化本质意义的作用。在具体运用时主要用于表达、
刻画人物的心理活动和情绪特点，表现事物的本质
特征，起到震撼人心、引人注目的作用。特写镜头
没有非常丰富的空间层次，但能让人产生强烈的视
觉印象和心灵的震撼力。因此在计划使用特写镜头
时要有明确的针对性和目的性，切不可滥用。

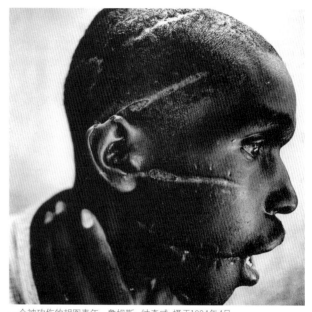

一个被砍伤的胡图青年　詹姆斯·纳奇威 摄于1994年4月
卢旺达总统被刺后，在胡图族与土西族之间立刻爆发了一场空前残酷的
种族大屠杀。这是被砍伤的胡图青年。

二　用光造型

摄影是一门用光的艺术，没有光的存在，在
一定程度上摄影是无法进行的。因此我们
也可以说摄影造型艺术其实是一种用光造
型的艺术。而光线是千变万化的，不同方向
和质量的光线会给人以不同的造型感觉。
试分析比较左图几张不同光线条件下拍摄
同一个人物时，给我们带来的心理感受是
怎样的？

阿利克斯　聂劲权　摄

正面光

又称为"平光"，光源处于摄影者身后并直接射向被摄
对象，使被摄对象朝向照相机部分全部沐浴在光线中。
正面光产生的影像比较平淡，缺少丰富的层次，空间透
视相对减弱。合理利用正面光有三种方式：一是利用物
体本身的不同色调和画面复杂多变的形态拉开景物之
间的反差和空间透视，使画面产生丰富的影调；二是利
用遮光的方法，使照片产生类似局部光的效果（如右上
图）；三是利用正面光拍摄近似高调效果的照片，追求
一种淡雅清新的艺术风格（参照73页第5小节"影调的
形式"）。

山东民俗·周村芯子　聂劲权　摄

京剧演员　宁舟浩　摄

葵花丛中　ANNE GEDDES　摄

45° 前侧光

这是一种最符合人们的正常视觉习惯的光线形式，在此侧光下，画面完美，影调平衡匀称，适合表现节奏韵律比较温和的题材和主题，但缺少更为强烈的个性色彩。

相比较正面光而言，拍摄对象具有非常明确的明暗反差，能充分显示景物的立体感和丰富的影纹层次，突出了画面的层次感和深度感，具有了将平面空间向三维的立体空间转换的可能。

在45°前侧光下，被摄对象产生的光影形成了一种富有节奏的排列组合，光影形式之间和谐共处，容易让人产生一种非常愉悦、祥和的视觉感受。
摄影大师柯特兹肖像　大卫·贝利　摄

45°前侧光对色彩的还原比较理想，恰到好处的反差对比对于现代数码相机的宽容度来说，可将色彩的最大可能在画面中体现出来，比正面光色彩显得丰富，层次损失少。　紫罗兰　Anne Geddes　摄

正侧面光

又称为90度测光,这是一种很富个性的光线角度。此光使物体一面沐浴在光照里,另一面却隐藏在黑暗之中,易给人以震撼。此光使景物明暗影调各占一半,因此明亮部分与阴影部分都成为了构成画面的重要组成部分。立体感与反差表现强烈,这对表面结构粗糙或凹凸不平的景物有特殊的表现力。正侧光易使人像产生阴阳脸,暗部色彩几乎丧失,明暗反差有时会远远超过感光材料的宽容度。因此,在选用这种光线拍摄之前心里必须很明白正侧光的特性。

老人肖像 宁舟浩 摄

艺术家党震先生 聂劲权 摄

散射光

是一种常见也常用的光线,比如在阴天、雾天或云层遮住太阳的时刻的光线都属于散射光。由于散射光造成的影像反差很小,被摄对象各个部位的细节可以得到了非常充分的表现。这种光线拍摄的照片给人以淡雅、细腻、宁静、柔和的感觉,因此在这种光线条件下比较适合表现较为柔和的风光画面、人像摄影中的少女和儿童、静物摄影中光滑而反光的物体等。

画面丰富的视觉元素在散射光条件下,得到了非常充分的表现。 塔吉克新娘 聂劲权 摄

塔什库尔干塔合曼乡　刘伟光　摄

直射光

直射光表现为一种强烈的平行光束，能使物体产生清晰而又明确的投影且明暗反差强烈，因此我们通常也称这种光线下形成的影调为"硬调"。"硬调"照片给人的印象是干净利落，有一种强烈的力量感。与散射光相比，直射光就像一个人说话很直爽，直抒胸臆而痛快淋漓。这种光线适合表现对比较大的风光画面、有阳刚之气的男人、老人和质感相对粗糙的静物等。

含蓄而神秘的逆光

1.侧逆光，光源方向位于被摄主体侧后方，可以为被摄主体勾勒出一个清晰的外轮廓线，使被摄体能在所处的环境中凸显出来并与环境拉开距离，既含蓄又不失鲜明的特征。使用侧逆光，一般以低调照片为主，还有少数正常影调照片。

这是美国著名摄影师尤金·史密斯的代表作《水俣村》专题之一——《智子和她的母亲》，该专题摄影是尤金·史密斯在日本冒着生命危险历时三年拍摄成功的。照片揭露的是化工厂排放有毒污水对水俣村所带来的巨大危害。片中利用侧逆光所创造的情境，不仅是一首爱的赞歌，更是一种有力的控诉。

2.高角度逆光与低角度逆光表现

高角度逆光的光源照射来自于被摄体的后上方，由照相机正前上方射来，最适合表现前后层次较多的景物。在背景较暗的情况下，每一景物背后被逆来的光线勾勒出一条精美的轮廓线，使前后景物产生强烈的空间距离和良好的透视效果。【8】低角度逆光一般指光源照射角度低于被摄主体，这种情况下如果没有使用正面或侧面辅助光的话，很容易形成剪影。

逆光拍摄时要注意的问题

1.如果不是以拍摄剪影为目的，则应以背光面的亮度标准曝光；

2.如果光线很强可直接使用灯光对背光面进行补光，这样可适当减低反差并达到清晰表现背光面的目的；

《广场的冬天》系列之一　陈茂辉　摄

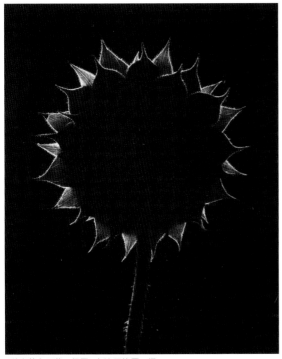

逆光的向日葵　保罗·卡波尼格罗　摄

选自美国《国家地理》

雪地黄昏　选自美国《国家地理》

Florida　摄

3.可使用反光板对背光部进行补光以提高其亮度;

4.要避免全逆光光线直射入镜头,造成眩光而影响影像质量;

5.选择适当的角度,让拍摄角避开光源或很亮的背景;

6.如果拍摄人像,可以适当调整人物的位置以适合于光线的造型和拍摄角度的选择。

遮光罩的作用

在逆光、侧光或闪光灯摄影时,能防止非成像光进入镜头,避免雾霭。在顺光和侧光摄影时,可以避免周围的散射光进入镜头。在灯光摄影或夜间摄影时,可以避免周围的干扰光进入镜头。可以防止对镜头的意外损伤,也可以避免手指误触镜头表面,还能在某种程度上为镜头遮挡风沙、雨雪。除了镜头本身的光学素质以外,遮光罩的作用非常明显,没有使用遮光罩的图片无论色彩、锐度和反差都不理想,而使用了遮光罩的图片在几方面都会有相对良好的表现。

怎样避免眩光?

眩光是指在逆光拍摄时强光进入镜头后产生一排晕开的光斑的现象,因此避免眩光其实就是要防止光线直射入镜头。避免眩光主要有以下两种办法:

1.使用遮光罩;

2.使用手或遮挡物挡住能射入镜头的光线。

图中的大圆光斑即为眩光,也称为"鬼影",主要是强光直射入镜头所致。在这种情况下如果没有使用遮光罩,用手或其它物体遮挡射入镜头的光线不失为一种既简单又行之有效的办法。

独具魅力的局部光

局部光是指光线通过有效的遮挡，从而造成被摄体的某个局部或被摄场景的某个区域受光照射，其他区域却处在阴影中的光影造型形式。这种光影形式容易让画面产生悠远的意境而独具魅力。使用这种光影形式创作必须注意的是：受光线照射的局部必须是画面中的最重要部位，就是我们在后面将要探讨的视觉重点与趣味中心。

使用局部光的方法有两种，一是利用适当的造型元素人为地对光线进行遮挡，二是自然界或人文景观中的现有遮挡条件造成的局部光进行光影造型。

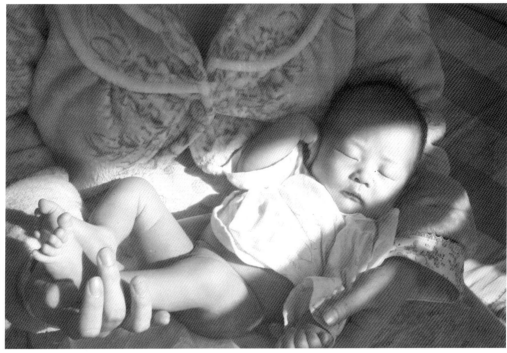

利用从窗户射入室内的阳光所形成的局部光来突出被摄主体，强化视觉表达。
沐浴阳光的聂子成
聂劲权　摄

通过调整小孩的位置，使其处于左侧建筑投影的边缘处，从而在脸上形成了一个局部光造型，在增强了照片层次的同时，也使作品更具意味。
维族男孩
聂劲权　摄

三 黄金分割

这是一种由古希腊人发明的几何学公式，遵循这一规则所形成的摄影画面构图形式最符合人们的正常审美习惯。这种分割画面的比例关系被认为是最好的、最"和谐"的，也因此称之为"黄金分割"。在欣赏一件作品时这一规则的意义在于提供了一条被合理分割的几何线段，对于摄影师来说深入领会"黄金分割"这一指导方针对创作是有重要现实意义的。摄影构图通常运用的三分法（又称井字形分割法）就是黄金分割的具体演变，把长方形画面的长、宽各分成三等分，整个画面呈井字形分割，井字形分割的交叉点便是画面主体（视觉中心）的最佳位置，这几个交叉点位置是最容易诱导人们视觉兴趣的地方。但值得提醒的是，虽然摄影构图的许多基本规律是在黄金分割基础上演变而来的。但每幅照片无需也不可能完全按照黄金分割去构图，千篇一律会使人感到单调和乏味的。当然使不使用黄金分割法去构图，还要看这种构图方式是否适合于摄影主题的表达。关于黄金分割，重要的是掌握它的规律后加以灵活运用。

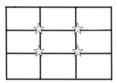

毫无疑问，此三幅照片中女孩的头部处于画框近似三分之一的交叉处，是一个利用黄金分割构图的典型案例。

四 视觉中心

一张好的照片，就像一篇好的文章，要结构完整、主题突出。结构完整指的是画面的构图要完整，主题突出是指这张照片所表达的主题必须通过视觉的形式非常明确地表现出来。所谓视觉中心，就是画面的视觉重点与趣味中心的统一，是承载画面的中心思想所在。

视觉就是光、色的形式感觉。视觉重点，就是光和色对视觉刺激强烈的地方，或是某些其他形式因素引起人们视觉指向的地方。一方面它能够吸引观者的注意力，另一方面它具有画面结构的意义。

没有视觉重点，就像说话无主次，杂乱无章。它属于形式的范畴。建立的条件，就是明暗、色彩，点、线、面、形体的变化及所占空间位置、面积大小等形式因素。利用它们间的对比，给视觉造成强烈的刺激，引导视觉指向。

趣味是情趣意味，趣味中心在摄影构图中，一般就是指审美指向的地方。它属于意识范畴的东西，它较之视觉重点有广泛的内涵，它除形式之外，还与内容密切相关。其必要性在于：1.引导观众的审美注意力；2.给作品增强艺术意味。【9】

男人背对着观众，用双手高高举起小孩并使之处于画面黄金分割位置，小孩由这一举动引发出幸福的微笑。同时，在光线的运用层面，利用了遮光的方法使小孩完全处于光照之下，而男人基本处于背光部位。高高伸出的双手也引导着我们的视线投射到小孩身上，在突出小孩这个视觉中心的同时，也恰到好处地表现了照片的主旨。

为了有效地突出广告对象这个视觉中心，使我们的视线更好地集中于项链和耳环，摄影师大胆地舍弃了模特那美丽的脸庞。彩色片为Geof Kern摄，黑白片为Irving Penn摄。

五 影调的形式

摄影画面是由不同深浅的灰色调构成的，这些深浅不同的调子就是摄影画面的影调。在摄影的表现手段中，如果没有影调的参与，摄影的创意思维是无法得以体现的。影调是摄影重要的造型表现手段之一，在影调的表现形式中，也无外乎高调、正常影调、低调三种主要形式。摄影者可以根据画面创意的要求，主观地选择影调的表现形式。

高调

也称亮调、淡调，是摄影画面影调的一种极端形式，也是一种非常富有个性的影调形式。高调照片是大量运用浅灰和白色构成画面，给人以明朗、纯洁、清新的感觉，适合表现以白色为基调的题材。拍摄时比较适合使

用散射的正面光来表现，力求把景物的投影减少到最低限度，以追求平淡、柔和的画面感觉。高调照片虽然只采用色调等级偏高的部分，但仍然要求有丰富的层次，在画面中还是有少部分深色调存在的。由于在大片淡色调的衬托下，这一小部分深色调往往很突出并成为画面的视觉中心。

要拍摄高调照片，首先所拍主体和背景必须选择白色或浅灰色。光线要求为柔和的散射光，并尽量来自于相机后方。使用灯光时要利用辅助光或反光板消除主光产生的投影，拍摄时可以适当过量曝光，但尽量不要超过二分之一档。高调照片这种明朗、纯洁、轻快的感觉非常适合于表现儿童与少女题材。

聂子成 小像　聂劲权 摄

正常影调

也称"中间调"，这是一种比较常见也比较符合我们正常视觉心理习惯的影调，它与我们看到的现实事物的客观影调比较接近。画面有着非常丰富的黑、白、灰影调表现，其中中灰色在画面中占主要优势。使用这种影调表现，可以非常充分地表现被摄体的体积感、质感和丰富的影调层次，给人以和谐、细腻、真实的感觉。

怀抱中的刘锦程
聂劲权　摄

低调

是摄影画面影调形式的另一种极端，亦是一种非常富有个性的影调形式。低调照片大量运用灰、深灰和黑色影调构成画面，给人以庄重、肃穆、凝重、深沉的感觉。拍摄低调照片时，应使被摄体的整体感觉不要太明亮，画面上的深色影调占有大部分空间，曝光不宜过度。低调照片虽然大部分深暗影调，但仍然要有丰富的层次。低调并不等于彻底的暗灰调，画面中还是有少量的亮色调，这一小部分亮色调在大面积的暗色调的烘托下，往往成为整个画面的视觉中心。低调照片比较适合使用逆光和适当正面辅助光配合来表现。

近乎于剪影的低调影像，恰到好处地表现了希区柯克的个性与气质，导演希区柯克是享誉世界的悬念、惊悚电影大师。　　哈尔曼斯　摄

Kim Basinger　摄

影像的反差

在摄影的实践过程中，由于光线的强弱与明暗反差的对比大小不一，势必造成影调或柔和或强烈等形式上的变化，主要有软调、硬调和剪影三种形式。不同的影调形式会给我们带来截然不同的视觉感受。

一般来说，软调比较适合表现质感较为细腻的被摄对象，硬调适合于表现较有阳刚之气的男孩和皮肤有丰富质感的老人，而剪影最好以表现外轮廓较为鲜明的被摄对象为主。

大反差条件更能凸显男人的阳刚，画面中浓重的阴影进一步突出表现了眼神而耐人寻味。　乔丹　P. H. 福斯特　摄

剪影表现了对象的优美轮廓　

软调适合表现较为柔美的女性题材

六 对比的手法

对比手法在各门类造型艺术创作中是一种最普遍最常用的艺术表现手法，它是画面构图中必不可少的因素。用哲学的思维来认识"对比"二字可以理解为"矛盾"，画面有对比有变化，还得有协调，此即马克思主义哲学所倡导的"矛盾的对立与统一"。认为任何事物都是一个矛盾的对立统一体。艺术创作的过程即是一个制造矛盾与解决矛盾的过程。没有短就无所谓长，没有弯也就无所谓直，没有小人就无所谓君子。一种力量的强大往往因为另一种力量的弱小而得以凸显。

在摄影创作中使用对比的表现手法，能使主体形象更加突出，中心思想更加明晰。对比的表现手法无外乎动

静、快慢、大小、长短、高矮、胖瘦、黑白、强弱、曲直、精粗、锐钝、清浊、寒暖、聚散、断续、流止、方圆、虚实、有无、阴阳、奇正、宾主、点线面、色彩、贫富等。

利用色彩的对比突出主体

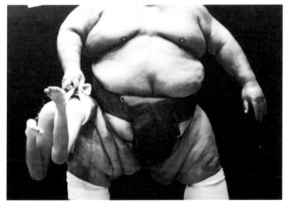

利用大与小的对比突出主题

利用动与静的对比突出主体

利用小景深所造成的虚实对比来突出主体
《京剧的守望者》系列之一　宁舟浩 摄

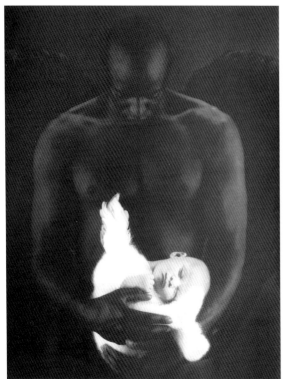

澳大利亚女摄影师安妮·哥蒂斯（Anne Geddes）充分地运用对比手法进行着她的婴儿摄影创作，黑白两色的对比运用，使主体更突出、主题更鲜明。

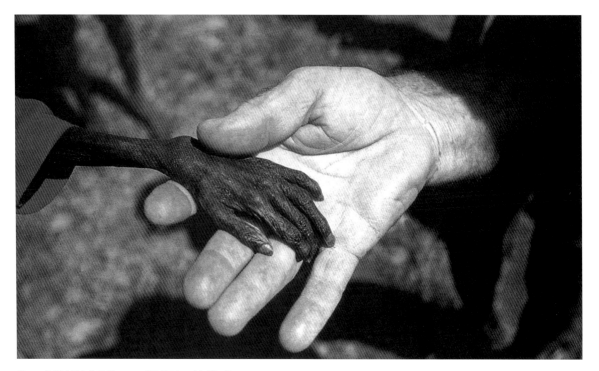

手——乌干达旱灾的恶果　　（英）迈克·威尔斯　摄

这幅照片表现的是1980年非洲大陆的干旱和饥荒。画面采用了对比的手法，给我们传递了一种黑与白、贫与富、干瘪与肥硕、饥荒与丰裕、灾难的非洲和乐土的西方等极端概念，使简洁朴实的画面更有力地凸显了主题，也使之成为一张震撼整个世界的伟大作品。该照片在1981年被评为第24届荷赛最佳新闻照片，正是这张照片使人们开始关注非洲这个充满灾难的大陆。【10】

七 利用反射体

透过反射体拍摄景物在现代摄影中是一种非常流行的创作方法，主要通过镜子、玻璃窗、汽车车体等具有反射或透射性质的介质，表现出一种具有虚幻、离奇甚至超现实意味的叠影效果影像。创作这一类型作品的秘诀是要选择好恰当的景物和合适的拍摄角度。比如拍摄以橱窗玻璃这种即反射又具透射性质的介质时，要对橱窗内的景物与被反射的景物进行选择，使它们两者之间有某种的内在联系，再通过反复寻找最佳的拍摄角度，使橱窗内的景物与被反射的景物形成最佳的空间位置关系，避免不当的重叠和不必要的覆盖，当然还得考虑必要的覆盖。重要的是增加画面寓意深度，而绝不是景物随意、简单的组合。

著名摄影师吉布森利用汽车的反光镜为自己拍摄肖像

宠物商店橱窗里的猫

北京后海胡同里的时尚橱窗展示

从水面所观看到的上海金贸大厦另有一番情趣

八 色彩的表现特性

色彩的表现在摄影的艺术语言中有着非常重要的意义，自从色彩一开始介入到摄影的领域，就立即成为了摄影艺术的一种新的表现语言。在实用领域，广大专业摄影师乐此不疲地利用各种技术手段对色彩进行准确还原；而在艺术表现层面，色彩却成了一种情感的载体，一种象征意义的表征，一种功能性意义的传递，一种结构画面的重要因素。

安妮·哥蒂斯在这幅作品中运用暖色调表现，使处于保育房中的小天使们更显安详、宁静。

美国摄影师Sandy Skoglund通过制作道具和布置场景，以纯主观的色彩为我们打造了一个个梦幻而又荒诞的超现实影像。

九 巧妙地利用道具

道具主要是指在人像摄影层面与人物有机地结合在一起的物品，如：各种生活用品、文化用品、玩具、各种工具、各种特定功能的器具、小饰物等。合理地使用道具可以辅助地表现人物的状态、情感、职业、性格等等，可以在很大程度上立体化人物，更鲜活地表现人物，使人物有血有肉，使人像摄影更具感染力和表现力。

概括起来，道具主要有以下几个层面的作用：1.显示浓郁的生活气息；2.表现层面的双重意义；3.凸显人物的个性特点；4.表现人物的职业特征；5.丰富画面的语言和趣味性。

婴儿摄影师安妮·哥蒂斯（Anne Geddes）是一个利用道具创作的高手，她往往会选择或制作一些出人意料的，却又很常见的物品作为道具。所创作的作品常常会给人造成非常离奇、温馨、浪漫而又充满爱意的感觉。安妮在多数情况下是使用道具实拍完成创作，当然也有使用计算机后期制作完成的。

十 有效地利用前景

靠近镜头位置的景物称为前景。前景可以作为画面的主体，但也可以是陪体。前景可以是人也可以是物，根据画面的整体结构加以安置。它能直接说明主题，帮助表现空间、平衡构图以及美化画面等。有时，前景还可以引导观众的视线集中于主体。在运用前景构图时，应尽量与主题密切配合，不能破坏画面的完整，而且前景要美。【11】

前景一方面是一个重要的语言元素，另一方面是一个结构画面的重要因素。

老北京的一条街
马克·吕布 摄
以具中国传统特色的窗户框作前景并使整个画面有效地分割成六个画框。这样不仅使老街的人们形成了一组组姿态随意的个人肖像，而且也较为准确的呈现出独具中国味的文化风景。

以纱巾作为前景，使这两幅人像作品更具迷人的魅力。 （左）爱德华·史泰钦 摄 （右）伯特·斯特恩 摄

十一 抓取生活中的精彩瞬间

抓取生活中那些转瞬即逝的精彩时刻，不仅更能显示出摄影的意义，而且也是吸引我们按动快门的最有效的动力。

上左: 海边嬉水的人　聂劲权　摄
上中: 加拿大安略省能源部长Dwight Duncan在多伦多的新闻发布会上讲话。
上右: 法国民主联盟（UDF）领袖白鲁在巴黎的新闻发布会上。
中左: 参加美国大学生体育协会的一次活动时，布什收到一条泳裤作礼物。
中右: 总统候选人麦凯恩在一次公开集会上做了一个鬼脸。
下左: 遛狗　陈茂辉　摄
下右: 海边的父女　Acrobat　摄

十二 表现生活中被人忽略的角落

著名摄影师戈温曾经说道："摄影乃是一种处理人人皆知但却无人关注事物的工具，我的照片旨在表现你视而不见东西。"艺术大师罗丹也说道："生活中从不缺少美，而是缺少发现美的眼睛。"从某种意义上来说，我们学习摄影的过程，其实也是一个学习发现美和认识美的过程。而美究竟在哪里呢？其实只要我们细心地去观察和思考，美的事物在我们身边其实无处不在。

草坪上的一处小景，可以让人产生一种莫名的心里感受。
李晓娟　摄

墙脚被遗弃的马桶连同环境被记录下来后，其影像也是耐人寻味的。
胡国锋　摄

欧文·佩恩可以说得上是世界级的顶级大师，他的作品一贯以"构图严谨、布光细腻、影调丰富"而著称。在佩恩的作品集中有这样一些惊世骇俗的题材，就是我们视而不见的废品和垃圾，其中最令人吃惊的就是这一套"烟头"系列作品。用他自己的话来说是"我留心那些被丢弃在街头巷尾的烟蒂，已经有好几个年头了。它们富于变化的形体和质地愈来愈吸引我。由于受到城市尘土的附着，它们变得更加多姿多彩。当我发现这些平凡而残缺不全的烟头时，心中竟不自觉的呐喊起来，这些才是我可以随心所欲地追求和表现的题材"！【12】

十三 影子的神秘力量

影子，通常是指投影、阴影以及剪影等等。影子在摄影的表现形式中扮演着一个非常重要的角色，在创作实践中主要有借用投影与使用特定形式物体挡光两种形式来实现。

影子的运用，是用光造型的一种具体体现。光与影在画面上的布局就是明与暗在画面上的配置。

黑暗在人们的眼睛里并不是光明的缺席，而确确实实是一种独立存在的实体。要充分发挥影子的力量，来丰富摄影画面的艺术语言。捕捉影的过程，其实也是一个创造新的造型语言的过程，在这个过程中将"影"的魅力推向极致。【13】

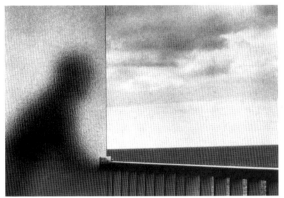

由于不识影子人物的本来面目，使简洁的画面增加了神秘感。
安德烈·柯特兹　摄

贵妇人后背上影子的出现，为画面增添了无限的想象空间。

在我国古代就有一种说法：认为影子是物体的灵魂。大家都知道，古代人是比较相信世上有鬼魂存在的，但又认为鬼魂是没有灵魂的，所以古代人也就把是否有影子作为人与鬼魂的主要区别。因此人们总把影子看成是第二个自我，甚至把它与自己的灵魂或生命力等同视之。虽然我们现在看来觉得很可笑，但从一个侧面也可以反映出影子在人们心目中的那种神秘性。

美国摄影家拉尔夫·吉布森是一个运用影子造型的高手，在他的画面中由于影子的介入使其影像表达神秘而又含蓄，他常让阴影占据画面的主要位置，产生激动人心的黑色形状。他经常使用高反差的胶卷冲洗方式，使照片表现出强烈的黑白反差效果，而照片中的黑影不留一丝暗部细节，这种反常的表现手法使其作品获得了不同凡响的艺术魅力。这幅作品中女人脸上仿佛有点像男人影子的造型，使作品传递出了更深刻的内涵。

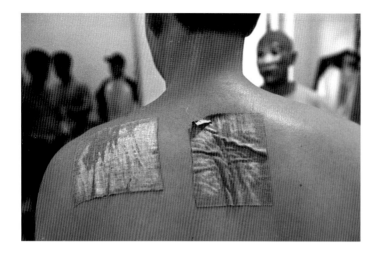

十四 表现细节

细节在摄影的创意表现中有两个方面的作用：第一，作品中通过承载人物情感的微妙表情和肢体语言等细节表现，传递主观情感；第二，通过大特写的形式表现被摄对象的局部细节，使之产生强烈视觉冲击力的同时，也震撼人心灵。浓浓的情感与震撼心灵的瞬间往往通过一些小小的细节而得以传递。

细节表现的创作手法是非常符合于我们生活常理的。人们在日常生活中特别注重于细节的表现：一个微笑给人以亲近、温暖、友好的心理感受，一个不文雅的动作会给人造成低俗文化修养的印象，一个并不起眼的随身小饰物能表达一个人的审美取向，一件衣服可以表达一个人的身份地位、文化修养、性格特点、时代背景等方面的信息。

没有细节表现的画面是空洞乏味的。从某种意义来说，摄影创意思维的表现正是通过画面的各种细节而得以体现的。

注意景物中细节的挖掘，也是考验一位摄影者观察与创作能力的重要方面，具有敏锐眼光的摄影者往往能感到所面对的景物有拍之不尽的画面。他可能先拍一个全景，然后选择某一角度拍一座景中的建筑，再拍建筑的某一有意味的小局部，再然后还可以拍一扇有意思的窗户及窗户中的人。有时候拍摄细节会比拍摄全景更加能道出景物的神韵。

这两张照片来自于摄影师宁舟浩的大型摄影专题《京剧的守望者》，作品通过局部细节的描写，准确地传递出京剧演艺生涯的艰辛。　宁舟浩　摄

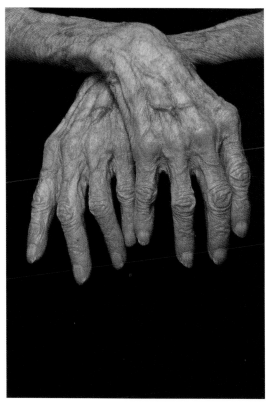

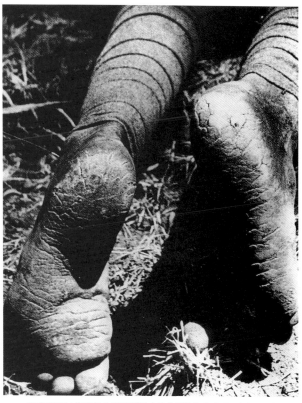

手上的每一条皱纹和每一根凸显的血管，仿佛在诉说着老人饱经沧桑的人生历程与酸甜苦辣。　丽贝卡·麦克恩梯　摄

摄影师通过埃塞俄比亚已牺牲士兵的脚的细节表现，诠释了战争的残酷以及战争与贫穷的关系。　艾尔弗雷德·艾森斯塔特　摄

当利用左图的视觉元素表现对生命的认识与理解时，更清晰的细节表达可以使主题变得更加强烈而更富视觉冲击力。　李龙杰　摄

发掘建筑中的形式美
约翰·海吉科 摄

十五 纯形式构成

所谓形式，就是指事物形象的呈现方式，我们看到的一切事物都以其具体的形式而存在。

纯形式的构成摄影，是指使用摄影的手段提炼现实物象并纯化其形态。其实，当平面艺术走到一个极致的时候，在很多情况下都表现为这种纯形式语言。纯形式具体指的是画面中的点、线、面、形、色、结构关系等等这些脱离了物体具象形式的抽象形式。这种纯形式构成能够用来表现某种情感，这是在人类漫长的生活实践中所形成的。如：在表现某种热情、骚动不安和刺激性的情感时，总是要使红、黄、紫等一类颜色，而不是蓝、绿等色。而不同形的特征也会传递不同的情感。另外，这种纯形式的构成手段，也是锻炼一个摄影师抽象思维能力的一种重要方式。为此，世界上很多著名摄影家都乐此不疲，并且有的摄影师还把这个层面作为其一个重要的创作方向。如著名摄影家爱德华·韦斯顿、吉布森、弗朗科·方塔纳、厄恩斯特·哈斯等等。

纯形式的构成创作手法总结起来有以下几个层面：

1.着眼于轮廓而忽略细部，构成面与形的结构形态；

2.明暗层次的提炼，强调黑白两极的对比；

3.是一个极端的抽象形式，完全无具体物象的特征；

4.在似与不似之间做文章；

5.从具象之中挖掘抽象。【14】

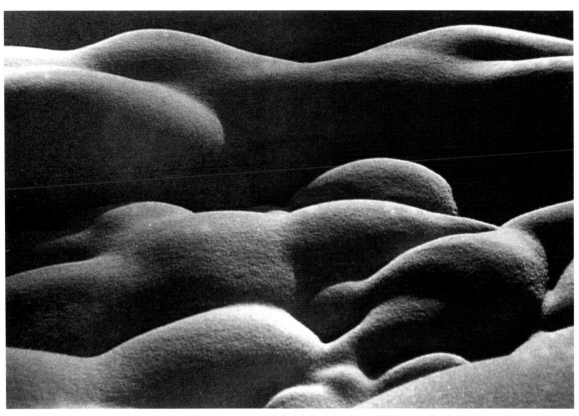

美国摄影师哈斯非常善于从具象中发掘抽象的形式美，这张来自于雪后的河床局部给我们带来的远不只白雪本身的魅力。

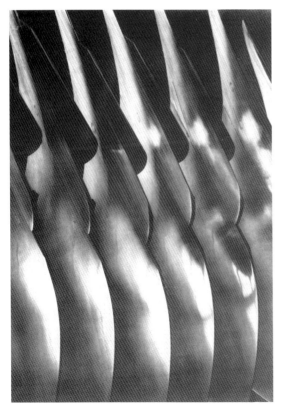

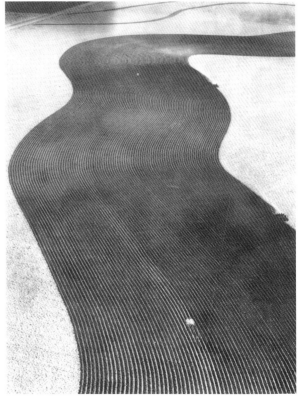

怀特女士善于调动线条的节奏与丰富的光影形式以及图像本身的造型力量，使照片更具美学价值。

十六 艺术观点与构图

我们在每一次摄影创作的时候，总会抱着某种想法和理念去拍摄，通常我们把这种想法和理念称为艺术观点。在创作中，艺术观点往往是我们改变与选择构图等造型手段的最主要动因。

面对一个场景，我们有什么样的认识和理解，就会产生什么样的构图。左图给我们提供了一个客观真实的场景，而下面两个构图则是在一定的创意思维引导下完成的。

十七 视角与主题

视角就是摄影者拍摄对象时所使用的拍摄角度，我们是以这个角度透过取景框去观察对象并拍摄对象的，所以说这也是我们观察对象的一种主观形式。我们以这样或那样的一个角度去观察并拍摄下对象的某一个层面的造型，这当然也代表了我们看待该对象的一种主观思维。试想一下，我们为何要选择这样或那样的一个角度去拍摄对象？这里有很多种可能性，比如：我们觉得某人漂亮，所以专找她的造型表现最漂亮的那个角度来拍摄；如觉得某人是一个十恶不赦的大坏蛋，那我们一定要选择一个能表现他比较恐怖的角度拍摄就比较过瘾。有某些人对某女明星不怀好意，所以总是把

拍摄视角压低，专找女星走光的那一刻拍摄，这种情况也是大有人在的。所以说视角的选择与我们创意思维的表达是息息相关的。

这种视角的选择与情感表达的关系其实是来自于现实生活中人的正常心理感受。首先，仰视代表的是一种尊敬。所以古代人晚辈见长辈必跪而见之，并且长辈一定请上座；再如毛主席是一个万人敬仰的领袖，为了表示这种尊敬，于是把毛主席的雕像塑造得高大无比，不但如此，还要安放在一个高高的石台上。这样所有的人都必须对毛主席仰视以表尊敬。其次，俯视在一定意义上有轻视的意味。因为俯视对于观察者来说有一种居高临下、高高在上的感觉。再次，平视有平等的意味，诸如某人和某人平起平坐等等即为此理。

斯皮尔伯格电影《辛德勒的名单》中运用较仰的拍摄视角表现了一个伟岸的辛德勒形象。

說你是好人

他會肯給我兩個交換。或一個

我或可多帶人出波蘭

你們很多人來向我致謝

你若被逮，用得上

艾尔费雷德既是一名世界知名摄影师，也是一名反战的斗士，他运用俯视的镜头视角表达了自己对德国纳粹宣传部长格林的藐视与针锋相对。

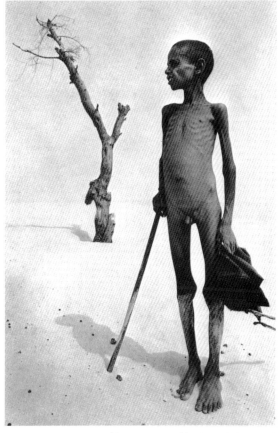

巴西著名摄影师萨尔加多运用仰视的镜头表达了自己对于处于苦难中人的尊敬，他的作品主要以表现贫穷为主，可以说其足迹几乎遍及了世界上所有贫穷和落后的地区。这是萨尔加多的代表作之一《马里的儿童》。

十八 重复曝光

重复曝光也称为多重曝光，指通过两次或两次以上曝光，产生一张具有影像重合、叠映效果的照片。

采用重复曝光有两种情况要注意：一是利用深暗背景拍摄，使主体根据需要进行多次曝光，而背景因曝光不足仍为深暗色。二是利用一个画面的明亮部分叠合在另一画面的阴影部分上，当然还要掌握恰当的曝光量。

一般来说，几次曝光量的总和要等于准确的曝光量，否则曝光会过度。比如：我们通过对被摄体测光，得到1秒、f8的曝光组合，那么，我们可以使用1/2秒、f8曝光两次，使用 1/4秒、f8曝光四次，使用1/8秒、f8曝光8次，而总的曝光量保持不变。

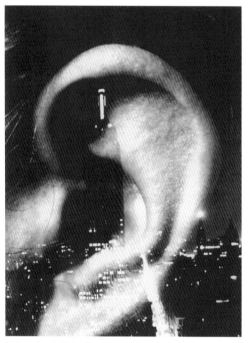

城市之声 芭芭拉 摄

哈尔曼斯 摄

马格里特在花园里的肖像
杜安·麦可斯 摄

十九 使用彩色还是黑白表现更合适

彩色与黑白相比较起来，彩色摄影可以使我们更真实
更准确地记录现实。黑白摄影相对来说比现实抽象，因
为它把现实事物的色彩这一重要视觉因素给抽离掉了。
然而摄影又是一种偏于自我的艺术工作，所以我们没有
必要在所有的摄影创作活动中真实地再现对象。彩色
摄影虽然好，让照片看起来很真实，但是不可能完全取
代并淘汰黑白摄影。

有的时候，我们看腻了眼前的彩色世界，黑白摄影可以
调剂我们视觉与心灵的感受。但更多的时候，使用黑白
还是彩色摄影的形式，是出于我们艺术表现的需要。

由于右上图中表现的主体周总理画像为消色，因此，当把照片转
变为右图的黑白影像时，我们的视觉就更集中了。　聂劲权　摄

美国风光摄影大师亚当斯先生一生钟爱
黑白摄影，但这并不意味着大师不喜欢
彩色摄影，而是色彩的脾性及情感语言
是很难真正驾驭的。很显然，左边这幅
拍摄于约塞米蒂国家公园的"瀑布与彩
虹"，彩色的原片导致了该片的主次关
系及意韵等问题皆很不如人意，作品经
后期处理成黑白后，所有这一切问题都
迎刃而解了。

左图的彩色影像经过主观调整，使主题表现的着眼点发生了根本性的改变，原来干扰视觉的跳跃性色彩也荡然无存了。　陈茂辉　摄

第二节 摄影的后期制作与调整

著名摄影大师安塞尔·亚当斯有一句名言："底片是乐谱，印放是演奏。"由此可见，亚当斯把摄影的后期制作放到了相当重要的地位。从严格意义上来讲，摄影的前期拍摄只是收集创作的素材，只有摄影者通过各种技术与艺术手段进行最后的编辑整理后，才能算是完成了最终的创作——摄影作品。当然，有的时候最初拍摄的照片完全达到了创意思维的表现要求，这时最初的拍摄就是最终的创作；而更多时候，最初的拍摄是不够或远远没有达到创意表现要求的，这时我们必须采用影调的调整、影像的嫁接与重组、拼贴、蒙太奇手法、重新裁剪等等手段进行影像的再创作。进入后期对照片的制作与调整，我们称之为"二度创作"。因此，摄影的后期制作与调整是摄影创作整体过程中的一个重要组成部分，这是需要我们认真对待并值得花大力气去努力工作的一个层面。

与传统胶片影像时代不同的是，我们现在不需要钻进黑乎乎的暗房里去闻带酸臭味的显影液与定影液了。现代数码影像创作是建立在高科技的计算机技术基础之上的，只要稍微懂得使用计算机，数码影像的后期制作与调整是很容易就可以掌握的。

相对于传统的暗房照片放大与影调调整，现代计算机软件处理手段显得更加游刃有余，可以从画面整体再到局部小细节很轻松地进行影调节奏的调整。上图的影调经过细致的调整后，作品的主体更加突出、主题更加鲜明。 韩平 摄

一 影调的调整

1.影调节奏的调整

影调节奏的调整其实也就是调整各种
不同深浅影调在画面中的分布关系，
影像形式归根结底是一种视觉形式，
所以对影调节奏的调整其实也是对视
觉节奏的调整。

不同影调的节奏把握，会给我们带来
不同的视觉心理感受，试分析右侧作
品的四种影调形式，它们各给你带来
怎样的视觉感受，其中哪一张更符合
你的审美心理。

2.局部压暗

在黑白照片的制作中，有时采用压暗照
片四周的方式，这是一种简单而又有
实效的好办法。这种方式源自于让鲁
普·西夫的暗房制作实践。这种特殊
的视觉效果，可以使观众视线不至于
游离出画面。

让鲁普·西夫作品的魅力不仅来自于
影像的图形设计本身，压暗照片四周
的方法也起到了锦上添花的作用。

让鲁普·西夫　摄

二 影像的再创作

1.影像的嫁接与重组
——超现实主义者的精神寄托

美国摄影师杰利·尤斯曼把各种毫不相干的视觉元素组合在一起,创造出了一个个我们只有闭上眼睛冥想时才能看到的画面。虽然尤斯曼的所有作品都是使用传统暗房特技放大制作出来的,但他的创作方法还是可以对我们形成有益的启发的,因为我们现在利用计算机的软件处理手段,可以使这种创作方法变得更加游刃有余。

自由的灵魂　　杰利·尤斯曼　摄

《无题》系列作品
杰利·尤斯曼 摄

2.影像拼贴

一谈到照片的拼贴,大卫·霍克尼(David Hockney)似乎已经成了我们公认的"拼贴摄影鼻祖"。

大卫·霍克尼是一位享誉世界的美籍英国画家。他的摄影拼贴作品为我们创造了一个全新的奇妙世界,这一独特的形式被人们称为"霍克尼式"拼贴。他首先使用相机针对某一被摄体拍摄若干的不同局部,然后再以拼贴的形式拼合回物象的大概原貌。因受到相机的不同拍摄视角和人手操作的影响,不同的局部照片之间不可能达到完美对接,从而使照片出现大量重叠、错位,使简单的拍摄对象呈现出一种琳琅满目的视觉快感,而身为画家的霍克尼亦赋予拼贴作品绘画般的感觉。【15】

梨花高速公路 大卫·霍克尼
1986年4月11日到18日,霍克尼花费了8天时间,从不同位置、不同角度拍摄了数百张素材照片,最终拼贴完成了这张摄影名作。

这张照片表现的是上海浦东黄浦江旁的一堵全长近千米的防汛墙，通过各种视觉元素的拼贴组合，反映了这一地区某个层面的文化特点。

3.摄影蒙太奇

蒙太奇是法文montage的音译，原为建筑学术语，为构成、装配之意。我们现在所说的蒙太奇是电影艺术的主要叙事与表现手段之一，是指在电影中将两个或两个以上毫不相干的镜头组接在一起时，往往会产生各个镜头单独存在时所不具有的含义。如在卓别林的电影中把工人进厂门的镜头与被驱赶的羊群的镜头组接在一起，就使原来的镜头表现出新的含义。前苏联著名导演爱森斯坦认为，将系列镜头组接在一起时，其效果"不是两数之和，而是两数之积"。在图片摄影中，我们也可以运用蒙太奇手法进行创作，主要形式有两种：一是将不同的视觉元素拼合成一个画面而给人讲叙另一种的画面语言；二是将几个不同的画面并置在一起，给人传递一种新的内涵。

人生的两条道路 奥斯卡·古斯塔夫·雷兰德 摄于1857年
蒙太奇手法的运用可以追溯到摄影史的最开端，雷兰德利用30多张照片拼接了这张史诗般的作品。此作品中的每一个视觉元素都需要雷兰德像导演一样经过周密的思考和安排，甚至画出创作草图，然后再把这些视觉元素按预先的设计逐一拍摄。在当时的条件下，剪辑合成的工作是相当艰巨的，最后耗时6个星期完成了创作。

这张照片的创意来自于美国摄影师杜安·麦可斯的原创作品《安迪·沃霍尔》，照片的文字说明为：我不认识安迪·沃霍尔，我也不认为安迪·沃霍尔认识他自己，我不认为任何人认识他。

三 构图的重新认识

构图作为影像表现的一个重要手段，在前面的章节里我们已经做了非常详尽的介绍和学习。然而构图的基本法则也不是一成不变的。要真正地学习好并能在创作实践中运用好构图的手段和技巧，一方面需要多拍多练，另一方面也需要在实践过程中灵活运用。构图是一个多元化的命题，它关系到画面的一切视觉元素。它就像一个机体，在它的内部有着复杂的结构，并与许多方面有着密切的联系，如：艺术创作观念、情感、审美情趣、题材等对构图的影响。可以说，构图是摄影艺术创作的骨架，它能对我们的创作起着成功与失败的决定性作用。

然而，我们在这一节中不想按常规的意义来研究和探索构图的形式法则，而是想从一些反面来加强对构图的认识和理解。这种学习构图的方式，来自于摄影课堂中对学生的教学实践，来自于学生无数个构图训练中失败的个案。现在把它们搬出来加以重新认识，希望对广大热衷于摄影的朋友有所帮助。

其实这些不仅仅是我的学生所犯的一个个小错误，同时也是所有初学摄影的朋友经常难以避免的问题。这也正如我们对于法律的学习与认识一样，往往用一种反面教材来学习反而将使我们认识和理解来得更为深刻一些。在这里，我也同样希望如此。

这张作品是典型的眩光、鬼影，而光斑刚好在头部的位置出现，再加上孩子古怪的表情与动态，给人一种神秘而难以言表的感受。　唐蓓蓓　摄

将错就错玩构图

在创作的实践过程中我们经常会碰到这样的问题，就是针对某一题材尽管自己已考虑好怎么拍，但最终还是由于技术原因使效果与预期相去甚远。而如果换一个角度来思考，它可能依然是一张好照片。而另一种情况就是拍摄时压根就不用大脑思考的那一类，只是一个小心恰好在一个特定的时间和地点，发生了一个特定的瞬间，刚好你在那里不小心按了一下快门，然而你可能依然没发现它是一张好照片。当然这两种情况不是经常发生的，初学者千万不要抱这种侥幸心理。

在这种情况下，我们依然需要用心灵去感受，才能发现照片中的闪光之处。我们经常说某些人看不懂好照片为眼力不好，而这种眼力来自于心灵，来自于个人的知识义化修养。所以在这 层面上来说，做一名具有好眼力的摄影师，摄影之外的学习是至关重要的。在绘画领域有一俗语：功夫在画外，也即为此理。

这帧影像来自于一次远赴新疆塔什库尔干的集体摄影采风创作，它给人的第一感觉就是曝光失败（脸部严重曝光不足）。至少摄影者自己也是这样认为的，以致于她差点将此照片删除。而当她的老师看到这张照片时，几乎惊呆的同时又感到非常的自豪，没想到自己的学生竟敢如此大胆地使用这样一种用光和曝光手法表现对当地的主观印象，这种不准确的曝光在主观层面却做了最正确的表达。强烈的太阳直射光影响和人脸处于逆光的状态，造成了画面强烈的明暗反差，而亮部又是处于亮部区域的白色头巾，致使反差比一般情况下更大。而按照高反差条件下以亮部曝光为基准的原则使头巾正确曝光时，人物脸部自然就曝光严重不足了。而如果这张照片要清晰地表现人物的脸部细节的话，按照18%灰和区域曝光的原理，头巾、天空和墙壁将全都失去细节，并将发生"吃光"现象。在这里，如果人物清晰了，那此片就是一张简单的人物群照，而不清晰则成了另一种语言的表达。当然，这是摄影者自己所没想到的。这张照片理所当然成了她这次长途摄影之旅中最好的一张作品。　　薛燕　摄

构图的重新裁剪

在摄影后期的调整与制作中，对作品进行再裁剪，这是大部分摄影人常干的事情。拍摄照片是我们利用取景框对现实事物进行裁剪，以寻找与自己心灵对应的影像。而进入后期对照片再进行裁剪，我们称之为"二度创作"。

能在拍摄时一次完成一个完整的影像固然很好，但我们可能经常受到画框、拍摄条件和思维等因素的制约，而不得已进行裁剪画面重新构图。世界上许多的大师都是这么干的，更何况我们呢？我们可以从美国摄影大师纽曼的一次创作过程中可以深刻感受到这一点。当然，这也是一种学习构图的绝好方法。

在这幅作品的创作过程中，摄影师在总的构思不变前提下，不断通过对人物位置和动态的变换来调整人与钢琴的关系，此次一共拍摄26张，这里选出8张原底片的小样供参考。经过认真细致的筛选，最后选择一张并以局部裁剪的形式完成创作——这也就是我们都很熟悉的纽曼成名作。这张作品也是世界摄影史中人像摄影领域无法绕开的经典名作。

这个画面右侧门槛里手拿白色织物的老者，从画面形式看似乎是多余的，裁去后的画面简洁、大方、生动。　刘艳波　摄

这张拍自贵州山区的图片,还有点
"决定性瞬间"的感觉,但前景路
面有点脏,也有点多,裁去可使画面
视觉更集中、更简洁。

许肖利　摄

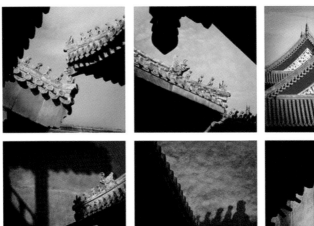

这是一个利用裁图手段进行创作
的典型案例。当然,我们从画面可
以看出来,摄影师对于这次创作,
应该在具体拍摄之前已是成竹在胸
了。但由于照相机画幅的限制,他只
能根据构思先拍摄大量素材,然后
再从中挑选最典型特征的画面加以
裁剪、拼贴,从一个侧面表现了他
对于传统建筑美学的一种认同。

故宫印象　许剑　摄

垃圾堆里拾宝

垃圾堆里拾宝在现实生活中通俗的说法称之为"捡垃圾"，学名"拾荒"。

当然，我们在这里所谈的"拾荒"不等同于现实生活中的"捡垃圾"，而是要通过裁剪、调整影调等手段对大量的"废片"进行编辑整理，使之成为可用的照片。是一种对"废片"的合理利用，也可以说是一种"变废为宝"，与现实生活中的"拾荒"有近似意义。

说实话，我们每一个人的数码硬盘里都存有大量的"废片"，而这些"废片"既删之可惜，留之又很占空间。现在我们不妨把这些照片充分加以利用，除了那些有纪念意义的照片，其余的尽可拿来编辑整理，其中还真有可能拾出好东西来呢。

我们可以针对这些"废片"放开手脚来动手术。一方面，我们通过这种方式来学习，以强化我们对构图的认识与把握；另一方面，也可使我们手头的"废片"化腐朽为神奇，使之成为一张好照片、一张有用的照片。然而，这种在垃圾堆里拾宝更需要心灵的眷顾与修养有素的能力，才能在"废片"中发现闪光的亮点。这也就是说，我们首先得具备一双识宝的慧眼。

画面裁去了作为前景的跑步小孩和一部分路面和小草后，显得相对单纯而简洁。然而，我们现在又把剩下的两组小孩再次分开，形成两个相对独立的画面，现在您又对画面产生一些什么样的感想呢？　　（刘丽供稿）

风光照片的典型案例

这是一张业余摄影者表现风光的典型案例。我们在接触摄影之初，可能都面对一个共同的问题。就是我们经常去那些美不胜收的风景区旅游时，拍回来的照片看起来总觉得不如实景好看，也就像右图的四川九寨沟风光一样。而摄影师就在我们身边，这些看起来很平常的地方居然也能拍出非常漂亮的照片。针对这种情况，很多业余摄影者都埋怨自己的照相机不够好，这其实是大错特错的。

其实拍风光也是和拍其他任何事物一样，都是在通过摄影的方式来说话。所以你首先一定要明确讲什么，如果你想通过一句话把事物的方方面面都讲清楚，那是不可能的，至少也是很抽象的。就像我们介绍一个人一样，光一句话说他人很好、不错，这是很抽象的。我们必须一个方面一个方面介绍，比如：为人、性格、脾气、学识、修养、长相、气质、工作情况、经济状况等等，才能把一个人介绍完整。用摄影的语言给我们介绍九寨沟风光也是一个道理，一张照片是不可能对九寨沟风光作全面介绍的。一张全景风光，我们只能从中感受到该地区的整体风貌，但并不能让我们感受到个中曲径通幽的那种别致。所以当我们在拍摄风光时，一定要找其特点，一张照片说一个问题。如：九寨沟的山美、水美、花美、树美、天空美等等。

对于这张照片，我觉得摄影者有点茫然，感觉九寨沟实在太美，不知道该说什么了。这张照片建议以花作为前景，强调其主体地位，山和水作为环境表现处辅助地位，现在至少传递出了九寨沟的典型气息。

当然，这张照片还有两个硬伤无法弥补，一是曝光过度造成花的亮部细节损失，二是焦点的选择没经过大脑思考，造成前景的花虚焦。

对于左图来说,画面的视觉元素并不多,但看了照片后给我的感觉有点糊涂,因为我们搞不清摄影者想表现什么。是浪花?因为在画面中不仅最亮,而且还占据了最主要的位置。是人?因为我们往往最容易想到人是主体,并且人在其中还以其独特的形式存在。当然,不管以表现哪样为主,大海的气息是得有的。对于这个画面,若以人为主体,我们只能对浪花下刀了,同时要校正画面的斜正关系,使画面保持稳重,这样的画面主题自然得以凸显。

问题照片

所谓的"问题照片"不是照片内容本身出了什么差错,而是拍出来的照片一方面出现了技术层面的问题,如:曝光不足或过度、虚焦、色温不准等等;另一方面存在与我们正常的视觉心理习惯相悖且欠思考的拍摄处理方式,如:画面布局的经营、用光的方式、焦点的选择、主客不分等等。问题照片没有很固定的形式,虽然因人而异、包罗万象,但总的来说主要还是这两个大的方面。现在我们把多年来在教学的过程中碰到的一部分典型问题加以罗列,希望对初入摄影之门的朋友有所帮助,这也是一个让你少走弯路的有效办法(具体案例见下页)。

主体处于阴影区域而不突出。

画面呈现两个视觉重点，且都独立存在，可以裁剪成两个画面。

右边的小孩容易把我们的视线引向画外。

这张照片可以从中间裁开，形成两张相对独立且完整的照片。

四个人物各施其事，互不干涉，相互独立，并且画面平均。

主体旁边有碍眼且让人很不舒服的垃圾箱。

往被摄人物头上插一棵树、电线杆等，是拍摄人像纪念照的大忌。

构图比较呆板，缺乏对环境的认识。

这种情况最好把人的脚取全，使画面更完整。

焦点选择错误且景深太短，致使作为视觉主体的花卉不清晰。

左边两个女孩的视线容易把观众的思维引向画外。

画面下部的妇女最好构图取完整，让我们能知道她在干什么。

此片如果舍去李小龙雕塑护栏不拍，将使画面更简洁，主题表达也更明确。

一方面焦点不在人物身上，另一方面处于前景中央的方形水泥墩与画面的形式及内容并不协调。

对于颜色接近消色的被摄主体，一般情况下建议使用黑白表现，这样更有利于强调主体的造型表达。

虽然构图极端、强烈，但取景时一定要把握一定的"度"，如果画面再下移一点，使处于剪影的景物再完整一点就不错了。

四 对使用计算机进行影像后期处理时的几点建议

1.影像的调整应以充分表达创意思维为唯一旨归。

2.不流于花里胡哨的表面效果，花哨的画面效果只能削弱作品信息的传达。

3.处理后的图像不是PS软件某种处理功能的简单再现，功能效果的使用要服从并服务于作品思想的表达。这也就是内容与形式的协调性问题，只有这样，PS软件处理手段的使用才是行之有效的。

4.影像处理要精细，不要让观众看到软件处理的痕迹，哪怕是重新拼贴的虚拟影像也一样，必须让观众看起来是真实的，不能露出一丝破绽，给人以天衣无缝的感觉才行。从这个层面来说，熟练地掌握计算机软件操作技术是很有必要的。一张制作层面就很粗糙的作品，其构思再多么巧妙，也无法勾起我们的审美想象。

5.对于纪实类摄影来说，调整不能改变影像的原始状况，即不能像素搬家，不能改变影像的色彩关系，不能违背实际景物的明暗关系，只允许对画面的对比度、亮度和锐度作适当的调整。

此作以巧妙的创意构思与天衣无缝的后期影像制作，一举获得第20届全国摄影展艺术类银奖。创作这幅作品时，作者数次乘飞机上万米高空和坝上风景区拍摄云彩素材，并三上景山拍摄故宫全景。最后用了数十张照片素材合成，分90多个图层，电脑制作前后历时两个多月，约300多计时完成创作。

《天宫》的创作灵感来自于作者一次空中旅行观云海的经历。"在万米高空上欣赏天际时突发奇想：天上宫阙当为何状？玉皇大帝的天宫不就是把人间的皇宫搬到天上吗？要是把故宫与云海结合在一起，'天上宫阙'，现实和浪漫结合，多么诗意和宏伟，从另一侧面也是歌颂劳动人民智慧和中国文化的极好题材。"　　天宫　刘宽新　摄

树的结疤被艺术家运用PS技术天衣无缝地嫁接在人物的皮肤上，较好地完成了作品的创意表现。

《克服》系列之一（德国新包豪斯学院学生作品）博尔斯·贝塔克　摄

第三节 好照片的标准

一 数码影像的画质评价标准

1.要有足够的清晰度,细节丰富,轮廓鲜明。

2.正确的黑白场。一般来说是指暗部要有一定的细节,亮部不要有溢出。

3.丰富合理的影调层次。首先注意主体层次,其次注意亮、暗区的层次。景物影调范围较大时要优先考虑主体的层次。

4.准确的色彩还原,无偏色,朴实、真实、自然的色彩控制。

5.适当的饱和度控制。

丰富的影调层次、准确的曝光控制以及驾驭色彩进行主观表现的能力是摄影者扎实基本功的具体体现。　　夏洪波　摄

二 一幅好照片要有一个鲜明的主题

一篇好的文章必须要有一个明确的中心思想,因为我们要借助文章要么道明一个事理,要么讲叙一个故事,否则就失去了我们撰写这篇文章的意义。而一幅好照片也同样如此,得有一个明确的主题思想。当然,针对这个问题我们可能会有很多朋友抱怨自己老碰不到那种惊天地、泣鬼神的主题,因此自己的作品才不足以感动人。其实这是大错特错的,试问一下,难道在世界摄影史上众多的经典作品都是这一类型的题材吗? 显然不是的,它们有的是生活中的微小细节,有的是我们司空见惯的平常小事,有的则是摄影师为朋友拍摄的个人肖像,还有的看似顺手拈来,却借以表现摄影师主观情感的一处看上去并不很美的风景、一件平常的什物、一串延伸远处的脚印……不管这些照片以一个什么样的形式出现,它们都有一个共同的特点——有一个鲜明的主题并深深地打动了我们。

好的主题其实就在我们的身边。观察生活、感悟生活是摄影师增加文化积累的重要基础课程。

本图的所有视觉造型手段都是紧紧围绕母爱这个主题而展开的, 母亲长长的胳膊从上至下贯穿整个画面,
同时也把我们的目光引向本图的视觉中心。

三 一幅好照片要有一个能引人注意的主体

一张好的照片，要有一个完整的视觉结构。在这个视觉结构中必有一个具有意味的存在，这个具有意味的存在也就是我们前面所讨论的趣味中心所在，也是我们这张照片的主体物。一张没有一个引人注意的主体的照片，是很难引起我们审美思考的。这个引人注意的主体可以是一个人或动物、一件物品、一棵树等等。总之，它对照片的视觉效果、主题与创意表达、审美想象等起着决定性的作用。

然而，怎样才能使主体在最终的照片中更为引人注意呢？这对于初学摄影的朋友来说，既是重点也是难点。

口袋里的小零钱　ANNE GEDDE　摄

四 简洁是才能的姊妹

伟大的文学家契诃夫说："简洁是才能的姊妹。"在摄影视觉语言的运用层面，我们仍然需要简洁。

这好比我们说话一样，有的人可以用几句简单的话说到点子上，而有些人对于同样的问题却支支吾吾半天也没道明白。所以我们在日常生活中总爱听干净利索的话，而不愿意听啰啰嗦嗦的话语。有时在与人说话时也是宁少勿多，言多必失。其实对于摄影来说，我们也同样需要如此。

在这个问题上，《纽约摄影学院摄影教材》第一课就强调：好照片画面要简洁。同时强调学生在透过取景框观察被摄对象并按下快门前，一定要思考以下几个问题：

这是法国摄影大师曼雷最负盛名的代表作，此作曾在1993年5月伦敦索斯比拍卖行的一次竞拍中以193895美元的价格成交。从上图到下图，我们可以看出曼·雷经营画面的思维过程。

泪珠　　曼·雷 摄

是否把注意力集中到我要拍摄的被摄体上去了？

是否已经抓住了最能反映这一情景的关键性部分？

是否把分散注意力的东西全避开了？

是否把不必要的东西全舍弃了？

是否已经把画面简化到最单一的被摄体了？【16】

是否主题已非常明确？

是否背景过于突出？

前面这几个方面，不仅是在拍摄创作时所应该注意的问题，同时也经常是衡量一张摄影作品成功与否的关键因素。俗话说："绘画创作是加法，摄影创作是减法。"这减法主要就体现在你是否已把画面的形式因素减到了最简洁的地步。正如前面所说：就是要减去画面中那些不重要的视觉元素，从而更好地突出主体、强化主题。但这里的简洁并不等于画面形式上的简单，应该说是一种在充分表现被摄对象与摄影师主观情感基础上的简洁。有经验的摄影师都会在创作时很自然地把这些问题解决了，而作为初学者，如果在每次拍摄时都去注意和思考这些问题，不仅能更快地进入摄影艺术的殿堂，而且也会节省许多时间，避免不必要的浪费。

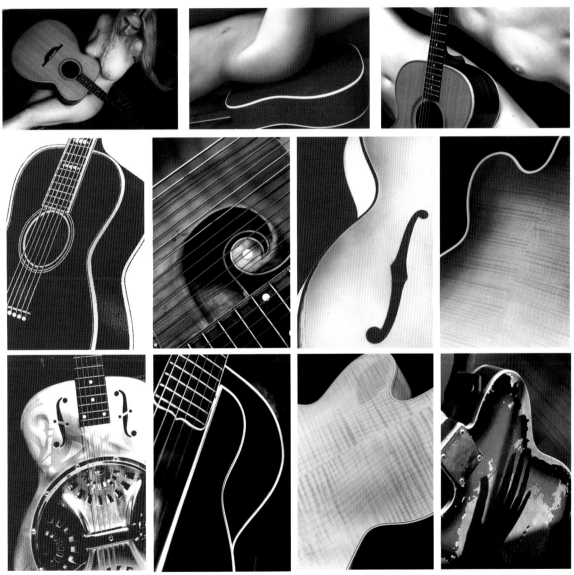

美国著名摄影师拉夫尔·吉布森曾针对吉他这个题材拍摄了至少数百个画面，这里节选的只是其吉他作品的一小部分，从这些作品我们可以看出，吉布森对于简洁画面的经营方式与对画面形式的把握能力。

小号手路易斯·阿姆斯特朗　　　菲利普·哈尔斯曼　摄
从这两张照片我们可以看出，更简洁的画面反而能给我们留下更深刻的印象。

五 关于影像的清晰度

我们所拍摄的照片只可能处于两种状态，即清晰和模糊。我们在大多数情况下，都希望照片能尽量清晰地再现对象。然而，在摄影艺术表现层面，我们有时也会觉得一张虚糊的影像比清晰再现的影像更具艺术的表现力。鉴于此，一张虚糊的影像是我们在拍摄与制作技术层面的失误，还是主观层面的故意而为之呢？回答这个

问题，我们可以面对画面从以下几个方面去思考：1.画面为什么要虚糊？2.是画面的整体虚糊还是局部虚糊？3.是画面的主体虚糊还是陪体虚糊？4.虚糊的程度是多少？5.这种虚糊是否让你由此产生了想象空间？

总之，对摄影者来说，照片是否清晰没关系，关键是头脑（思维）是否清晰。这对于创作来说是至关重要的。

美国著名摄影师厄恩斯特·哈斯喜欢使用较慢的快门速度拍摄动体，给人留下了强烈的视觉印象。

这是王小慧车祸后的自拍作品，当时她身受重伤，除了双臂外全身不能行动，又得知与自己相爱的丈夫已不幸身亡。在这肉体与心灵的双重的打击下，她举起相机用"视觉日记"的方式，记录下医院里自己的日日夜夜。虚糊的影像，却成就了自己真实的心灵之旅。著名摄影评论家顾铮教授曾经这样评论这些作品："胀肿的脸与她周围的康复器械在显示她从死亡边缘逃离的代价……从与自己的严酷的生命现实的对峙与对话中，她已经开始更深地了悟人生的真正含义，并称之为'摄影史上最真实的自拍作品'。她自己的解释是"由于准备即将主办的个人摄影展《我的二十四小时》，我已经养成了随时随地用相机记录下'视觉日记'的习惯，为了拍摄《布拉格》画册，包里刚好带了一个14毫米的超广角镜头，使我可以自己举起手不用借助于三脚架来拍摄自己。拍摄时我无法知道焦距是否清晰，自己在镜头里是什么样子，只想把这一切真实的记录下来。我不知道这些照片对别人的意义，但它的的确确是我真正意义上的视觉日记，实实在在地记录了我在当时情形下的心境。通过我手中的相机能看到绝对真实的我，我知道当我独自一人面对那'第三只眼睛'时，我的状态是最自然和最自我的状态。"

"那段时间我经常思考艺术的本质是什么这类问题。过去我的作品有唯美倾向，这种美是否给人们制造了一个脱离现实的梦境，一种麻醉剂？现在对我来说，艺术最重要的在于真实，即使它可能只是艺术家本人眼中的真实。"【17】

本章作业要求：

1.以同一人物和背景为被摄对象，以不同角度拍摄5种不同景别的画面。并以文字的形式分析比较不同景别的画面给人带来怎样不同的视觉心理感受。

2.针对同一对象运用不同的光线角度拍摄7个画面（正面光、45度角侧光、90度角侧光、侧逆光、逆光、顶光、低光），并以文字形式分析不同角度光线条件下拍摄对象的造型改变及其带来的不同视觉心理感受。

3.遵循黄金分割理论拍摄4张不同景别的画面。

4.拍摄低调、高调照片各4张，要求两种影调形式表现都比较极致。

5.利用不同的对比手法拍摄10个以上画面，要求做到对比强烈。

6.利用不同的反射体创作4张作品。

7.利用前景构图拍摄4张作品。

8.强化影子的表现力，拍摄四张以影子为主要造型表现的作品。

9.拍摄4张以抽象构成表现为主的作品。

10.使用不同视角拍摄同一被摄体4个画面，并分析每

美洲豹　北京动物园，虚糊的影像表现了被困牢笼中野兽的现状，选自《中国摄影》2004年第二期第58页《动物参考》　薛挺 摄

一种视角所得到的画面能给人带来的视觉心理感受。

11.从你或朋友的照片库里寻找10个以上画面，指出它们的缺点并对其进行重新裁剪和影调调整，使之成为一张构图严谨、主题明确、主体突出的成功照片。

12.针对某一主题运用拼贴的手法创作2张作品。

13.运用计算机的软件处理手段，充分发挥自己的想象力，运用影像嫁接等超现实手法创作4张作品。

要求：主题明确、主体突出、构图简洁、影调丰富、影像清晰、曝光与色温控制准确。建议作业讲评8学时。

04

第四章 摄影实战篇

银装　闫石　摄

第一节 小数码也出大作品

没有最好的器材，只有最贵的器材。与其想买最好的器材，不如用好你手中的器材。

——钱元凯

小数码在技术性能及成像素质层面当然是远比不过数码单反的，但是小型数码以其自身的特点和优势，在很多层面也是数码单反无法企及的。首先，小型数码因其小巧、轻便而携带方便，我们可以直接把它放在上衣口袋里、小腰包里、手提袋里，把它随时放在身边而没有让我们感到有丝毫的不方便和负担。而数码单反因体积和重量数倍于小型数码，携带时必须单独背一个大大的摄影包，在没有进行摄影创作的时候会让人感到有一种很大的累赘。正因为如此，小数码的作用就凸显出来了，我们可以随时掏出上衣口袋里的小型数码相机，记录下一个个在身边不经意发生的精彩瞬间。这样也让我们在生活中多了很多快乐，少了很多遗憾。因为我们以前经常碰到类似的事情，就在身边发生了一件非常有意思的事情或偶然发现了一处很精彩的画面，但只能面对景物发出一声叹息：今天带相机就好了。其次，使用小数码拍摄会产生与使用数码单反时，与拍摄对象不一样的交流方式。当我们使用数码单反拍摄时，被摄对象有时会感到紧张甚至一种无形的压力。而使用小型数码的状况就不一样了，不起眼的小型数码为拍摄带来了更多的灵活性。

中国人当年使用小米加步枪打败了美国人的飞机和大炮，靠的不是武器装备的先进，而是勇气与智慧。事实上，就在我们身边有部分专业摄影师和个别业余摄影者，他们利用手中的小型数码相机，照样创造出了一个个视觉奇观。从这一层面来说，摄影创作有时并不在于设备的好坏，关键在于你怎样把手中现有的设备和你的思想发挥到一个极致，并把二者有机地结合起来。

著名摄影家、理论家林路先生特别喜欢使用小型数码创作，长期携带一款在身边，随手抓拍自己感兴趣的人和事。　相机：松下LX2　　像素：1100万

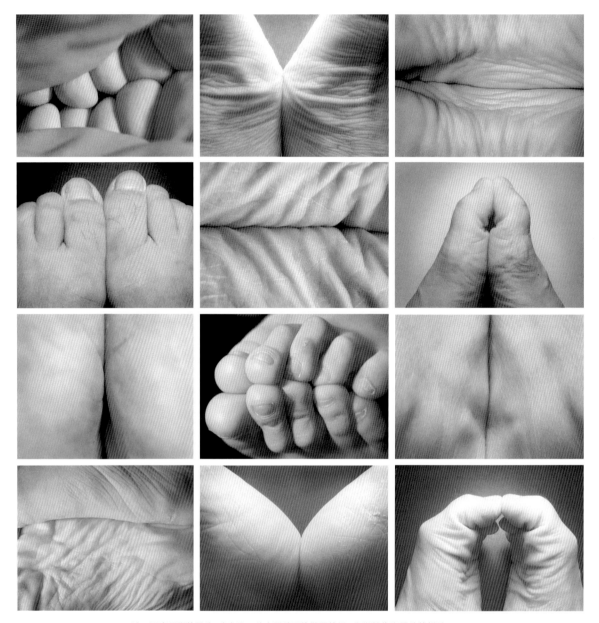

这一组表现脚的照片,来自于一款小型数码的微距拍摄。多张低像素照片的拼贴
组合得到了一张4000多万像素的高精度照片。

相机: 佳能A70　　像素: 300万　　聂劲权　摄

数码时代的私密日记

1977年出生于美国旧金山的梅里特，在她拿起相机之前是毫无摄影常识的，她也承认自己根本不懂得什么叫光圈。自从某一天得到一台像素很低的小型数码时，就开始了她自己的视觉日记。用她自己的话来说："当我还是一个小女孩时，我就有记日记的习惯。我的摄影就是我今天的日记。"梅里特视觉日记里的照片大多为自拍照，看上去虽然没有太多的所谓技术含量，许多照片都存在焦点不实，但这看似随意的拍摄风格却给人以强烈的现场真实感。她把相机放在各个角度，前面、侧面、上方、背后，甚至两腿之间，近距离拍摄自己的身体。限于技术条件，以往的摄影家很少从如此刁钻古怪的角度亲密地拍摄自己。我觉得，她别开生面，为我们提供了一种新视野。【19】梅里特2000年夏天首次出版《数字日记》，在世界摄影界引起强烈震动。在国内相继有林路先生的《女性摄影新生代》、萧春雷先生的《国外后现代摄影30家》等专著做过专门的介绍。

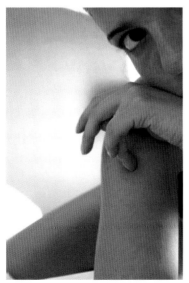

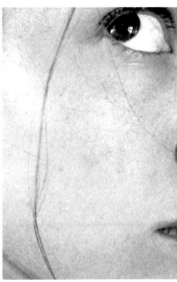

选自《数字日记》　纳塔查·梅里特 摄

使用小型数码创作的成功案例：

摄影师江浩的小数码情结

江浩，《济南日报》报业集团摄影中心主任记者，中国摄影家协会会员。多年来坚持使用小型数码相机进行创作，共拍摄影专题近100组，其中20多件获得省级以上奖项。曾获得山东省人民政府颁发的文艺创作最高奖——泰山文艺奖，联合国第四届教科文组织"人类贡献奖"金奖，第五届中国国际新闻摄影（华赛）铜奖，第二届中国新闻摄影（金镜头）铜奖，全国新闻摄影作品年赛银奖2次、铜奖3次。2008年出版个人纪实摄影专集——《生存》。

我使用小型数码创作基于以下几个方面：一是经济原因，价格低，当时单位只配了佳能G1（330万像素）；二是卡片相机使用方便，角度变换好，有小屏幕对照拍摄，适合抓拍、偷拍；三是已习惯了使用，后来又更换了佳能750（像素：710万），现在使用的是松下LX2（像素：1020万）。小数码和大数码一样能成就好作品，照样能客观纪录，见证人性，存档历史。我的专著《生存》中发表了27组摄影专题，基本都是使用小型数码拍摄完成。在读图时代的今天，小数码便捷、快速、容易操作，极大地满足了报刊杂志的需求。大数码不能完成的小数码照样能完成，比如近距离的拍摄、微距等功能。

不足之处是：像素低，不利于高倍率地放大照片；感光面积小，弱光拍摄时容易引起噪点增大。

照相机只是个工具而已，关键还在于我们一定要用头脑去拍照片。

《老解和他的庄户剧团》，此专题曾获得联合国"人类贡献奖"节日文化类金奖
相机：佳能G1 像素：334万

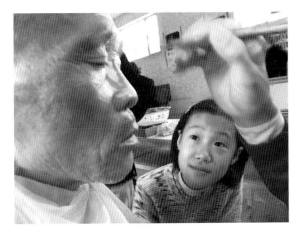

《老解和他的庄户剧团》系列　江浩　摄

第二节 巧用现场光

我尽可能使用自然光。如果光线弱的话，我宁可支上三脚架曝光5秒。实在万不得已的时候才用人工光，但尽量保持光线来源的单纯。复杂的人工光不会给被摄体增加多少魅力。我总用单个光源，因为太阳只有一个，不管是直射光还是反射光，我总会保持光线来自一个方向。

—— 西亚夫（法国）

现场光

是指拍摄现场本来存在的照明条件，如：家用灯光、壁炉火光或霓红灯。还包括舞台上打在演员身上的各种舞台灯光，或者是餐桌上闪烁不定的烛光。当然，现场光还包括透过窗户摄入室内的日光。换句话说，现场光仅仅是除室外日光之外场景中已有的光，而不是另外加用的诸如太阳灯、电子闪光灯之类的摄影人造光源。与户外日光和摄影棚灯光相比，现场光通常比较暗弱一些，因此要特别注意正确曝光和照相机的稳定。现场光有以下优点：1.富有真实感和情调；2.摄影者使用起来方便自如；3.被摄对象容易自然放松。【18】

生日许愿时的烛光　聂劲权　摄

舞台灯光的现场气氛表现　李晓娟　摄

早晨从窗户射入卧室的太阳光　聂劲权　摄

美术馆展厅的白炽灯照明　李晓娟　摄

利用从窗户照射进来的光线拍摄人物肖像时，应尽量避开高亮度的窗户框出现在画面中，从而可以得到较沉稳的画面效果。
f/4　1/500秒　相机：佳能G10　聂劲权　摄

当光线来自于照相机对面的窗户时,如果不想拍摄剪影效果的话,一定要适当调整照相机或被摄者的位置,从而使被摄者接受到的窗户光照明转变为正面光或侧光照明的造型效果。

利用现场光摄影的成功案例

《一个人的城市》　摄影师: 宁舟浩

1975年出生于山东肥城。高中期间开始自学摄影,作品见诸于《中国摄影》、《中国摄影家》、《中国新闻周刊》、《南方周末》等媒体。入选《中国人本》大型展览。曾获得"致敬! 2003中国传媒"之"年度现场报道"奖提名、《人民摄影》全国新闻摄影比赛银奖、中国国际新闻摄影比赛艺术类组照铜奖、中国当代国际摄影双年展最高学院奖等重要奖项。2008年出版图文社会调查报告《京剧守望者》。

《一个人的城市》记录了中国城市人口老龄化进程中,我们每个家庭和个体所必须面对的问题——养老问题。

随着经济的发展、生活节奏的逐渐加快和社会竞争的日趋激烈,越来越多的家庭被迫放弃了传统的家庭养老转而寻求一种新的养老方式,家庭从经济上赡养老年人的功能完全有可能被日益完善的社会保障所替代。在我国逐渐进入老龄化社会之际,这组图片敏锐地发现并指出了当前社会化养老所面临和必须解决的问题。现代化社会赋予老年人更多

《一个人的城市》前后拍摄了三年,其中绝大部分照片是用现场光拍摄的。现场光无可比拟的优越性就是真实。处于熟悉环境、熟悉光线中的被摄对象,将会更加容易地呈现出其真实、自然的一面,这对于拍摄的成败至关重要。同时,使用现场光拍摄可以很大限度地减少摄影者使用的设备数量,方便拍摄的进行。

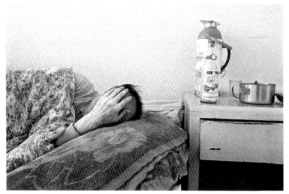 

 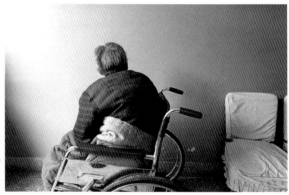

《一个人的城市》系列　宁舟浩　摄

生活方式的同时，也意味着我们将面对更加严峻的养老问题。衰老和死亡是生命的必经之路，但是，家庭成员在生活上的互相关心、精神上的互相安慰，并不会因社会养老制度的建立而过时。

第三节 巧用随机闪光灯

一 使用闪光灯补光

使用闪光灯对处于逆光条件的主体进行补光，首先要考虑背景的曝光，可以先不使用闪灯进行曝光试验，保证在闪光同步速度范围之内的基础上确定一个合适的曝光组合，然后再打开闪光灯进行拍摄。

二 让闪光灯离机拍摄

使用随机闪灯拍摄，有一个问题往往让我们特别头痛，就是弹起式内置闪灯与安装在热靴上的小型闪灯，由于在相机位置发光，所以很容易在被摄对象身后留下一个令人讨厌的投影。为了让影像看起来更专业，我们可以选择让闪光灯脱离相机拍摄。

使用闪光灯正面直射被摄对象，不仅会在被摄者身后产生令人讨厌的黑色投影，而且由于属正面光，所产生的影像会比较平板。

使用闪光灯离机闪光拍摄，可使影像表现更自然、更丰富。方法可以是用一只闪灯安装在相机上引闪另一只闪灯，或者是另购一只无线引闪器装在相机热靴上，当按动快门时，无线引闪器会自动发射信号触发离机闪光灯闪光。

三 利用闪光灯的反射光，可以使光线变得更柔和

这种方法一般适用于房间不超过3.5米高度的室内拍摄，通过闪光灯的仰俯和旋转，使闪光灯发出的光照射到天花板或墙壁上，然后再通过反射达到照亮被摄对象的目的。这种反射光所创造的影像要比闪光灯直射被摄对象柔和得多，但千万要注意一个问题，就是天花板或墙壁的颜色，天花板或墙壁呈现什么样的颜色，最终的影像也将偏向何种颜色。下面是几种实施反射闪光的解决方案。

四 使用后帘慢门同步闪光拍摄

后帘慢门同步闪光是指使用较慢的快门速度拍摄时，闪光灯在快门关闭前的瞬间闪光。

1.慢速快门加闪光拍摄可以让暗背景亮起来

较快的快门速度加闪光拍摄，只能让处于闪光有效覆盖范围内的主体照亮。背景由于得不到强闪光的照射以及较短的曝光时间而曝光严重不足，所以在照片中表现较暗。

当使用较慢快门加闪光拍摄时，由于长时间的曝光所致，背景部分的曝光得到了一定程度的补偿，身后地上的黄线与红线是不同的汽车车灯在曝光的过程中通过时划过的轨迹，最后在曝光完成前的一瞬间闪光灯闪光照亮主体完成拍摄。

f/11 1/60秒，不加后帘同步闪光拍摄

f/11 2.5秒，加后帘同步闪光拍摄

2.后帘同步带来的另一种特殊视觉效果

由于后帘同步能长时间对背景进行曝光，在快门关闭前的瞬间闪光达到清晰表现主体的效果，使我们在拍摄时有着更多的可控性。左上图是利用追拍方法拍摄的，街上的灯光由于照相机的移动而形成了这种流光溢彩的效果；左下图则是模特保持原地不动，手持相机晃动拍摄而得到。使用这种方法拍摄，一定要注意被摄主体与背景灯光的相对位置，否则很容易造成主体被背景的灯光覆盖。
ISO100，f/11，2秒

第四节 巧用家用灯光

家用灯光指的是家庭日常使用的照明灯具，如：台灯、落地灯、照明白炽灯和日光灯等等。

使用这些灯光拍摄对于所有摄影者来说是一种因地制宜的选择，也非常方便自如。然而，业余摄影者使用家用灯光拍摄时，有几个问题要特别引起注意：一是家用灯光一般较暗，要特别注意曝光问题；二是色温问题，家用灯光色温一般不够稳定，要时刻注意调整相机的白平衡，拍摄黑白片时可以不考虑此问题；三是由于家用灯光一般较暗，曝光速度也较慢而不适合于对动体的拍摄，因此拍摄时一定要保持照相机与被摄对象的稳定，否则影像极容易虚糊。

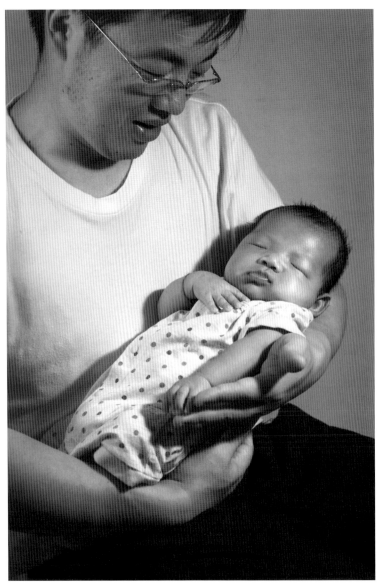

使用家用灯光一般亮度不会非常高，为了有效地控制清晰度，首先要保证被摄对象与相机的相对稳定，其次是在自己所能承受噪点的心理范围内，适当地增加感光度以提高快门速度。
台灯27W节能灯泡　落地灯12W节能灯泡
ISO200　　　　f/4、1/15秒
丁同楼与丁飞宇　聂劲权　摄

使用家用灯光,可以非常方便地调整光线的照射角度和光比,并且非常的直观,比较容易掌握。

台灯27W节能灯泡
落地灯12W节能灯泡
ISO200
f/4、1/15秒

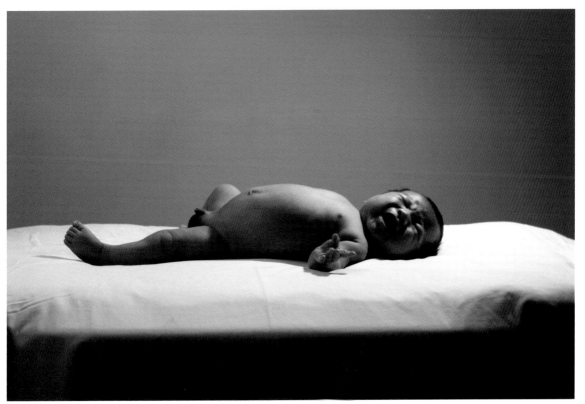

桌子上的丁飞宇　聂劲权　摄

附录: 著名摄影师的创作与观念

侯贺良

1953年4月生于济南。毕业于中国人民大学摄影专业,研究生学历,高级记者,国务院特殊津贴、泰山文艺奖突出贡献奖获得者。1970年开始从事摄影创作,擅长人物摄影和航空摄影,先后获得中国摄影艺术最高奖金像奖在内的国内外各种奖励百余项。现任山东省政府新闻办公室副主任兼《走向世界》杂志社社长、总编辑,并担任中国画报协会副会长、中国摄影家协会理事,山东省摄影家协会主席等社会职务。

这组风光作品选自侯贺良先生的《空中看山东》,航空摄影因其拍摄角度新颖,视野宽广,往往能使观者受到视觉冲击而产生心灵的震撼。但航空摄影因其创作成本高,注定只能是少数人的活动。只有对摄影装备与飞行器充分了解、摄影技巧达到相当熟练的程度、摄影经验有了深厚的积累,同时具备良好的身体素质和置生死于度处的精神,才能拍出好的航空摄影作品。"敏锐发现"与"瞬间构思"应是航空摄影家必备的基本素质。

耕 侯贺良 摄

摄影是我的语言。我愿通过我的"语言"向朋友、向人们坦露出一颗热爱生活,并对人类寄予充满无限希望的真诚之心。它是我思想感情的熔铸,是我理想意识的浓缩。

我一直认为摄影艺术就是观察艺术、发现艺术。我的作品很少有拍摄前的完美构思,"触景生情"和"信手拈来"是我的作品诞生的两个主要过程。摄影语言的表达成功与否,应该靠摄影家自身的观察能力和审美能力。我不欣赏离奇怪诞的深刻,也不喜欢轻浮浅薄的华丽。我愿意用朴实的艺术语言去塑造美好的艺术形象。浩瀚的世界和纷繁的生活透过我的镜头,映现的是自然之美、人性之美与创造之美。

谷永威
高级记者

1994年开始致力于专题摄影的研究与实践，尤其对图片故事的拍摄进行了长期的实践。出版专著《你就在我身边——一个摄影记者的目击与独白》。

十年来，先后采访60多组专题，绝大多数是反映最基层最普通的百姓生活，通过百姓的情感和生活来表现时代的变迁和社会的发展。

摄影只是一种工具，一种语言表达的工具，只不过这种表达是通过客观载体——被摄者——来实现的。我拍图片故事至今已16年了，摄影的这种实践使我越来越深地领悟到，拍故事实际上是在拍自己，拍自己的情感。故事中的情节和人物成为了作者的情感代言人。拍故事的过程是艰难的，它需要作者富有韧性，更需要作者投入感情。有的故事需要关注几年才得以完成，这种关注也成为对自己心灵的一种磨炼。

《父亲》这组图片故事，是一个关于拯救生命的故事，一个表现父爱的故事。我跟踪采访了10年，至今仍然在拍摄。十多年的拍摄由表现父爱渐渐地变成了记录下一个人从痛苦到幸福，从贫穷到富裕的过程。从这一个家庭十多年的变化，可以看出社会的发展和进步。这或许就是摄影作为表达作者思想情感工具的真谛吧！

面对他们，我是真实的。同样，他们也是真实的。

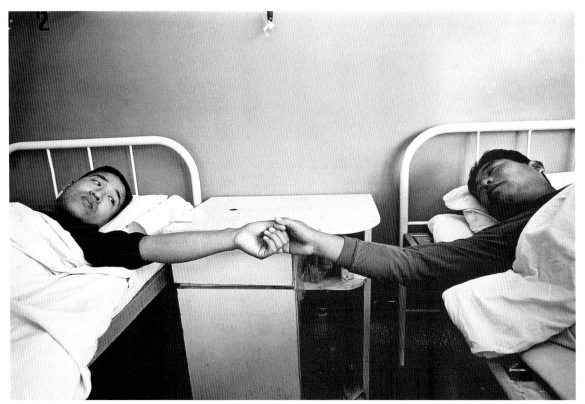

父亲（组照之一）　　父子情，尽在不言中。

疾病缠身、生活拮据，一直困扰着一家老少。

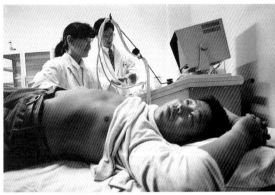

父亲李学舜在B超室里做检查。他最大的愿望就是自己有一个健康的肾，以便给儿子换。

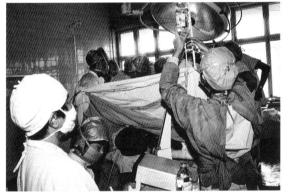

1997年11月4日，移植手术进行了12个小时。

父亲的肾在儿子的体内存活了。父子俩相互拥抱着、安慰着。

"我快当爸爸了"。

孩子平安出生，李功昌当上了父亲。

李功昌2006年在村头上开了一家小超市。他告诉记者，等儿子6岁时，他要把儿子送到当地最好的学校。

过上了小康生活，乐也融融。

王小慧

曾任过欧洲几个美术馆馆长、国际策展人协会主席的著名艺术史学家Peter Weiermair教授这样评论王小慧: "她跨越了许多的边界,用不同的形式来表达,几乎所有的摄影的方式她都涉及到了。而且,她作品里有很多创新的、实验的精神,这是在其他艺术家和摄影家中是很少见到的。" "我觉得佛里达·卡罗是一个很自恋的人,而王小慧已经完全超越了她这种局限,她总是不断创造新的作品,而且风格完全不同,这正是她的质量所在,是她的特点所在。全世界都在关注中国艺术,但是我们发现有很多的艺术家像闪亮的流星,很快就陨落了。王小慧不是这种流星,她是大家很喜欢很尊重也很珍视的可以长久闪亮下去的艺术家。"

这是王小慧自拍摄影系列《我的前世今生》之"我和我们",她把对个体的关注与对

粉面桃花 王小慧 摄于2007年

社会的关注结合起来，以这个形式反映了中国一百年来女性发展的历史足迹。与西方相比，中国是一个较少强调个人与个性的国家，特别是传统中的女性角色更是较少自我。所以作品中的"我"和群像"我们"是类似的抽象的一个群组。这组作品也可看为王小慧自拍像的延续。从过去的"视觉日记型"的自拍像到现在表现型的自拍像，她的作品增加了社会、历史和人文的诸多因素。

德国格尔迪博物馆艺术总监，评论家爱尔玛·佐恩（Elmar Zorm）教授说："辛迪·舍曼是复原别人的历史，而王小慧是在拍她自己的故事，这些的故事又影射了整个历史长河的发展。王小慧的艺术很中国也很欧洲，王小慧却把自拍像放到了历史长卷里，放到了一个中国社会发展的背景里，所以我们能从中看到受伤了的历史，她试图用这些影响把这些创伤抚平。"

《我的前世今生》之"我和我们" 王小慧 摄

李楠

山东工艺美术学院　教授

曾获山东省委、省政府颁发的首届山东省泰山文艺奖一等奖、第39届世界新闻摄影比赛金牌、获96′SSF世界体育摄影大奖赛特别奖（日本）、国际摄影艺术联合会（FIAP）第24届黑白双年展唯一个人金牌、三次获联合国教科文组织"人类贡献奖"国际摄影比赛一等奖、BASF（德国）创意摄影大奖赛"青年艺术家大奖"、中国摄影艺术最高个人成就奖金像奖、中国新闻奖摄影作品复评暨年赛金奖获冰心摄影文学奖，被评为中国德艺双馨优秀摄影家，中央电视台《东方之子》栏目播出人物专访、接受英国BBC人物专访，出版过四本摄影专著，60余幅作品被国内外机构和个人收藏。

摄影在我们的生活中已无处不在，成为现代生活中不可分割的一部分。特别是数码时代的到来，尤其是手机摄影的出现，记录已不再是摄影师的专利。

摄影，绝不仅仅是技艺的展示，它应当盛载着艺术家非凡的创造和卓越的思想；影像背后的思想及摄影师的主观思考和态度，才真正是这门艺术的灵魂。如果没有文化的内涵，没有更深刻的蕴意，那些表面的影像表现只会非常容易地被大家忘掉。我不认为随手拍下的影像会成为经典，我更不认为没有思想支撑的影像会形成个人风格。好作品的拍摄是对被拍摄者的生活所感动而纪录下来的一个个瞬间。没有真挚感情的投入便很难拍到动人的瞬间；任何精彩的瞬间和机遇都是生活赐予的。好的照片一定是生活感动了你，你所做的就是将这份感动传达给读者。这也是摄影的魅力之所在，也是摄影随着时间的流逝会越来越显出价值的根本之所在。

我曾在我的第一个黑白个人纪实摄影展览《众生》（1990年）的前言里写下了这样几句话：

摄影是摄影师主观的视觉影像，

摄影师的思想深度直接影响着作品的深度，

摄影师追求影像的轨迹也是他思想发展的轨迹，

与被摄者的平等态度及对他们的热爱是作品成功的关键，

我会把摄影当做生活，

也会把生活视如摄影，

因为我离不开生活，

所以我离不开摄影

……

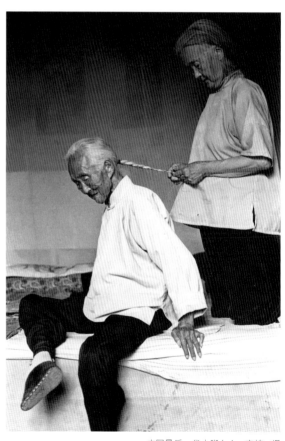

中国最后一代小脚女人　李楠　摄

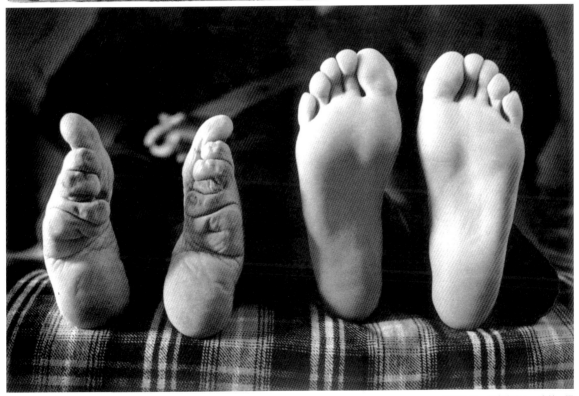

中国最后一代小脚女人 李楠 摄

这是发生在中国大地上历经一千多年，约有二十亿中国妇女缠足的风俗。"……当李楠决心用他的摄影机来担当起这并不轻松的使命时，便令我着实钦佩了。摄影有其优势，便是客观和真实的记录。李楠非常明确自己的工作，即抓住行将消亡的最后一代小脚女人的生活，记录下这漫长而苦难的缠足史的最后几页。"

——冯骥才（摘自李楠《绝世金莲》序）

邱志杰

1969年生于福建省漳州市。

1992年毕业于浙江美术学院版画系。

现任中国美术学院综合艺术系副教授、中国美术学院展示文化研究中心副主任，现居北京和杭州。其作品经常出现在北京、上海、香港、美国、德国等地的艺术机构和国际著名拍卖场，并多次在北京、南京、纽约等地举办个人艺术展览，是我国最为活跃的当代艺术家之一。

摄影的本质是光和时间。这件作品可以说是我多年来思考摄影的本质之后的必然之作。

底片是"感光"的，留在底片上的一切形象其实都是由光所赋形的。只是在别的照片中，光是隐而不见，光把物体的形象勾勒出来，凸现出来，光自己却弥散在空气中。光是配角，物体才是主角。我们拍摄，以为底片记录下的是物体，其实是光。我想可以转而让光作为主角。让光聚集起来，给它时间和空间，它就可以运动，它就可以变成一支笔。

快门打开的时间长，光就有足够的时间在某个空间中游走，为这个空间命名。一个光点留下的轨迹，变成一个字、一个句子，变成一种题咏。为路过空间的人，留下心中的意绪，发出慨叹。

"感光"的底片，和宣纸对于墨一样敏感。光的疾徐顿挫，一一留下了痕迹，毫发不爽。光线好而时间长的地方，有时候，操弄这光之笔的我也会留下痕迹。这些书写是在时间中进行的，正如宣纸上的墨迹其本质也是在时间中进行的，也有待于在时间中重新解码。他们和墨迹一样不能涂改，更加不能涂改。书写的过程是人、时间、空间的同时聚集和唤醒。人的路过，是一种机缘，它聚集了意义。

《二十四节气》

从2005年秋天到2006年秋天，我进行了《二十四节气》的光书法创作。每到一个节气的当日夜间，我来到户外，选择适当的场景，在空中用手电筒反向书写该节令的名号。这些场景的出现取决于我的旅行生活。

仅仅拍照不是艺术

不知道你是否曾注意过，在各种艺术门类的划分中，摄影总是和书法放在一起。比如在展览时，经常可以看到某某单位的摄影书法展，似乎存在这样一种潜意识，绘画、雕塑、音乐、诗歌，毫无疑问是艺术的，而且需要一些很专业的训练，而摄影和书法则因为跟实用太有关系而处于另一个层次上。在这两种媒介中，业余作者的数量也比其他门类要多得多。

也就是说，一个人要么会画画，要么干脆不会画画，要么会作曲和演奏，要么就干脆完全不会，成为一个纯粹的受用者。而摄影和书法就不同了，每个人都会写字，有的人还写得很好看，可是我们不知道要"好"至什么程度才可以称他为"书法家"；同样，傻瓜相机出了之后，每个人也都会摁快门拍照片了，可是我们同样不知道，一张照片要"好"到什么程度，才能上升到"摄影艺术"的台阶。拍照片和写字又有点儿不同的是，通常书法家怎么写都是好的，那种好看的、有风格的书法好像附体

在他手上，甩都甩不掉，而一个普通人在运气好的时候瞎拍的一张照片，可能也有机会成为摄影史上的名作，而专业摄影家在他们那几张代表作之外，也拍出了几十倍的拿不出来的照片。

我们当然不能用先认定身份的办法来为作品定性。比如说，我们不会相信只要是摄影家拍出来的都是好照片。反过来，用拍过好照片与否来定义一个人算不算得上摄影家也不准确，一定有很多人拍出很有意思的东西自己也不知道呢。

因此，摄影和书法这样的东西在作艺术认定的时候（有一点像刑侦中的有罪认定）是有疑问的。摄影和书法共有一种准专业与准业余状态，这是它们所面对的某种尴尬，但其实很大程度上也是它们的力量所在。在互联网上搜寻，关于摄影的网站和论坛，在数量和质量上远高于绘画、雕塑等。书法当然由于知识背景的异趣，与网络就疏远得多。

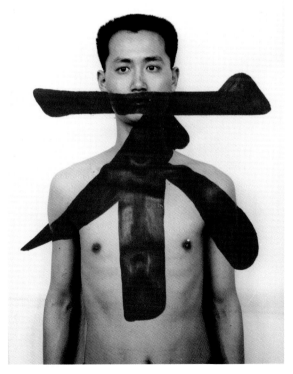 

纹身　邱志杰　1994年作
据统计，截至2007年底，该作品在中国影像拍卖排行榜中名列第6位。佳士得2006年11月26日，成交价RMB: 954,000。

宋朝

著名新生代摄影师，1979年10月生于山东东明，毕业于北京电影学院摄影学院，硕士研究生。曾获20届全国影展铜奖、第3届平遥国际摄影节"评委特别表扬奖"等重要奖项。曾多次在北京、上海、平遥、美国、法国、瑞士、日本等地主办个人摄影作品展览和联展。作品被日本"东京国际摄影画廊"、瑞士"E'lysee"摄影博物馆、上海美术馆收藏等多家国内外著名艺术机构收藏。

随着科技的不断发展，摄影已经被广泛应用于社会的各个领域。对于科学家来说，摄影是他进行科学研究的工具；对于一个商业摄影师来讲，摄影是他谋取利益的工具；对于一个摄影记者来说，摄影是他记录报道社会事件的工具；同样道理对于一个艺术家来说，摄影又是一种表达个人思想情感和反映社会现实的工具。就这个层面上来讲，照相机对于艺术家和画笔对于画家，乐器对于音乐家来说具有同样的作用，特别是在观念摄影盛起的今天，摄影的工具身份被进一步拓展了。摄影的真正意义并不仅仅在于它对客观现实的逼真再现，更在于艺术家通过这种媒介表达出他们对于社会及各意识形态的看法和见解并提出问题。

左上：《矿民》系列——矿区鼓手
左下：《矿民》系列——中学教师

《矿工》系列　宋朝　摄

本章作业要求:

1.利用不同的现场光条件拍摄带有适当环境的人物肖像4张。

2.利用家用灯光拍摄不同景别的人物肖像4张。

3.利用随机闪光灯作补光拍摄人像2张,利用闪光后帘同步拍摄运动物体2张,并要充分显示运动感和闪光后帘同步所创造的影像特点。

4.自拟标题,写一篇表达自己对摄影艺术的认识与理解的文章。要求观点明确、条理清晰、论证充分、图文并茂,字数不少于1000字。

以上需拍摄的作业要求:主题明确、主体突出、构图简洁、影调丰富、影像清晰、曝光与色温控制准确。建议作业讲评4学时。

注 释

[1].《国际摄影艺术教程》,第13页,中国青年出版社2008年版

[2].http://bali3000.bokee.com/838852.html《王小惠——生命的神秘》

[3].http://www.xiangji.cn/culture/200811191049447341.html《数码相机之父赛尚和他的第一台数码相机》

[4].狄源沧:《20世纪外国摄影名家名作》,第38页,江西美术出版社1997年版

[5].http://www.xiangji.cn/school/2008415102737341.html《什么是倒易率失效? 数码时代是否适用? 》

[6].谢汉俊:《亚当斯论摄影》,第94页,中国摄影出版社2002年版

[7].冯建国:《跟亚当斯学摄影》,第31页,浙江摄影出版社2003年版

[8].林路:《摄影大师的用光》,第18-28页,福建科学技术出版社2005年9月版

[9].孔祥竺:《摄影构图》,第82页,辽宁美术出版社2001年6月版

[10].http://news.xinhuanet.com/newmedia/2003-06/09/content_898410.htm《手——乌干达旱灾的恶果》王学文

[11].唐东平:《摄影构图》,第10页,浙江摄影出版社2008年版

[12].狄源沧:《品读世界摄影大师精品——欧文·佩恩》,第61页,西苑出版社2001年版

[13].林路:《摄影大师的用光》,第94页,福建科学技术出版社2005年版

[14].狄源沧:《20世纪外国摄影名家名作》,第37页,江西美术出版社1997年版

[15].http://www.mtime.com/group/time/discussion/362552/《大卫·霍克尼 颠覆西方绘画史》

[16].许小平:《创意摄影》,第/3页,浙江摄影出版社1997年版

[17].王小慧:《我的视觉日记—旅德生活二十年》,东方出版中心2009版

[18].《纽约摄影学院教材》,第315页,中国摄影出版社2003年版

[19].萧春雷:《国外后现代摄影30家》,第216页,中国戏剧出版社2008年版

[20].邱志杰:《摄影之后的摄影》,第3页,中国人民大学出版社2005年版

参考文献

[英]约翰·海吉科:《全新摄影教程》,浙江摄影出版社2006年版

[加]弗里曼·帕特森:《摄影与视觉心理》,中国摄影出版社1988年版

[英]约翰·恩格迪沃:《国际摄影艺术教程》,中国青年出版社2008年版

[美]C·伯恩鲍姆:《巧用现场光》,浙江摄影出版社2001年版

[英]布莱恩·坎贝尔:《摄影名作的诞生》,林少忠译,中国摄影出版社2001年版

[美]苏珊·桑塔格:《论摄影》,湖南美术出版社1999年版

[美]鲍伯·克里斯特:《摄影大师的外景用光秘诀》,浙江摄影出版社2003年版

[英]邓肯·汤姆森:《当代世界艺术家丛书—霍克尼》,罗袆菲译,湖南美术出版社1999年版

美国纽约摄影学院:《纽约摄影学院教材》,中国摄影出版社2000年版

狄源沧:《20世纪外国摄影名家名作》,江西美术出版社1997年版

林路:《摄影大师的用光》,福建科学技术出版社2005年版

林路:《西方摄影流派与大师作品》,浙江摄影出版社1999年版

林路:《摄影光影语言》,浙江摄影出版社1996年版

许小平:《创意的摄影》,浙江摄影出版社1994年版

邱志杰:《摄影之后的摄影》,中国人民大学出版社2005年版

谢汉俊:《亚当斯论摄影》,中国摄影出版社2002年版

唐东平:《摄影作品分析》,浙江摄影出版社2006年版

唐东平:《摄影构图》,浙江摄影出版社2008年版

刘智海:《基础摄影》,上海人民美术出版社2007年版

顾欣:《专业摄影》,上海人民美术出版社2007年版

后 记

在本书的付梓之际,我要感谢为本书提供热心帮助的摄影前辈和同仁。他们不仅都是中国摄影界各领域的领军人物,而且也是艺品与人品俱佳的摄影人,他们的学识与品格让我敬佩。在撰写的过程中他们为本书提出了很多有价值的指导性意见,同时还无偿提供了大量的个人佳作,这不仅是我的荣幸、本书的荣幸,也将是阅读本书读者的荣幸。他们是:侯贺良先生、谷永威先生、王小慧女士、林路先生、李楠先生、邱志杰先生、刘宽新先生、江浩先生、张百成先生、宁舟浩先生、宋朝先生、刘智海先生等。有了他们的赐稿,使这本基础教程有了更高的学术价值。其次要感谢我的学生,因为他们的作品使本书变得更加丰富多彩。他们是韩平、刘伟光、薛燕、唐贝贝、刘磊、许剑、范一飞、刘丽、刘艳波、许肖利、郭辉、陈茂辉、矫超、程友花……我还要感谢上海人民美术出版社姚宏翔先生和丁雯女士,因为他们的热心与敬业,才使本书得以和广大摄影朋友见面。在本书的撰写过程中,我选择了大量国外优秀摄影师的作品作为范例。他们有的是世界著名摄影大师,有的甚至是不知姓名的摄影师。他们的作品都让我敬仰和尊敬。由于客观原因,我未能和这些作者取得联系,在此表示深深的歉意。

另外,所有指导和启发过我的其他老师和同学们,在此一并致谢!

图书在版编目（CIP）数据

数码摄影基础／聂劲权著. — 上海：上海人民美术出版
社，2015.6
中国美术院校新设计系列教材
ISBN 978-7-5322-9524-1

Ⅰ.①数… Ⅱ.①聂… Ⅲ.①数字照相机—摄影技术—高
等学校—教材 Ⅳ.①TB86 ②J41

中国版本图书馆CIP数据核字（2015）第114148号

中国美术院校新设计系列教材

数码摄影基础

主　　编：邬烈炎
执行主编：王　峰
著　　者：聂劲权
策　　划：姚宏翔
统　　筹：丁　雯
责任编辑：姚宏翔
版式设计：高　峻
封面设计：高秦艳
技术编辑：朱跃良
出版发行：**上海人民美术出版社**
　　　　　（地址：上海长乐路672弄33号 邮编：200040）
开　　本：787×1092　1/16　9 印张
印　　刷：上海丽佳制版印刷有限公司
版　　次：2015年6月第1版
印　　次：2015年6月第1次
书　　号：ISBN 978-7-5322-9524-1
定　　价：45.00元